60分でわかる！

THE BEGINNER'S GUIDE TO WORK STYLE REFORM LAW

働き方改革超入門

働き方改革法研究会 著

特定社会保険労務士
篠原宏治 監修

技術評論社

Contents

Chapter 1
なぜいま？　働き方改革が必要なのか

Chapter 2
はやわかり！　働き方改革とは何か？

Chapter 3
最大のポイント! 長時間労働の是正と多様な働き方の実現

Chapter 4
しくみが変わる!　事業主と労務担当のやるべきこと

Chapter 5
変わる将来! 働き方はどうなっていくのか

Chapter 1

なぜいま?
働き方改革が必要なのか

001

働き方改革とは

多様な働き方による変革を目指して

現在の日本社会では、生産年齢人口減少による生産性の低下や、長時間労働による相次ぐ過労死などが大きな問題になっています。また、低成長期が長く続き、派遣労働の対象業務が原則自由化されたことで終身雇用制度も崩れかけるなど、**戦後のままの働き方はさまざまな場面で限界に達してきています**。

これらの課題や問題を解決すべく、これまでの日本の企業風土や考え方を変え、労働環境を改善するために生まれたのが「**働き方改革**」です。働き方改革は、2016年9月に安倍晋三首相が「働き方改革実現推進室」を設置したことで始まりました。**労働者が、それぞれ抱える介護や育児、性差や障害などの事情に応じた多様な働き方を選択できる社会**を実現するとともに、個々の意欲・能力を存分に発揮できる環境を作ることを目指しています。

働き方改革が必要になった背景として、社会問題となっている**長時間労働、非正規雇用の処遇差**、子育てや介護などの理由による**多様な働き方の必要性**、少子化による**労働力と生産性の低下**が挙げられます。これらの課題は「働き方改革実現会議」に関する厚生労働省の資料に、安倍首相の発言を引用する形で、９つのテーマとして挙げられています。今後、人が尊厳を持って働くためには、人生において「仕事・生活」のバランスを大事にする「**ワークライフバランス**」の考え方と、多様な生き方と働き方を選択できる社会が必要です。働き方改革は、これまでの企業文化と風土を変え、新しい価値観や認識を取り入れて初めて実現するといえます。

従来の働き方では対応困難なケースが増大

改善

目指すは「ワークライフバランス」の実現

▲産業構造が多様化している現在、一律の働き方を強いるのは「ワークライフバランス」とイノベーションの阻害に直結してしまうため、改善が急務だ。

002
日本の労働行政のターニングポイント

「電通事件」が明るみにしたもの

昭和の高度経済成長期においては、**長く働くことがそれだけ偉い、というような価値観**がありました。しかしその後、1980年代後半から長時間労働による死亡事故が多発し、1988年には「過労死110番」という窓口が全国の弁護士たちによって設立されるなど、社会問題化しました。中でも扱いが難しいとされていたのが**過労自殺**で、因果関係の証明が難しいために長らく労災認定されることはありませんでした。

そんな中、1991年に起きた「電通事件」によって、社会の認識は大きく変わります。新卒で電通に入社した男性社員が約1年5か月後に自殺し、その原因が過労による精神負担であるとして、遺族が会社に損害賠償を請求したのです。当初会社側は責任を認めませんでしたが、**2000年の最高裁判決によって初めて、過労自殺が会社の過失であるとの司法判断が下されました**。

これを受け、政府は2008年に労働基準法を改正、時間外労働について明確な時間が規定されました。さらに、2014年11月1日には「過労死等防止対策推進法」が施行されていますが、にもかかわらず2015年、またしても電通の女性社員が過労によるうつ病で自殺するという痛ましい事件が起きてしまいます。

2つの事件は、戦後から続いてきた働き方を変え、新たな価値観のもとに経済活動を行うのがいかに難しいかを示唆しています。働き方改革」を推進していくためには、企業風土の根本から変革する意識も大切であるといえるでしょう。

昭和的価値観からの脱却が必要

高度経済成長期の価値観

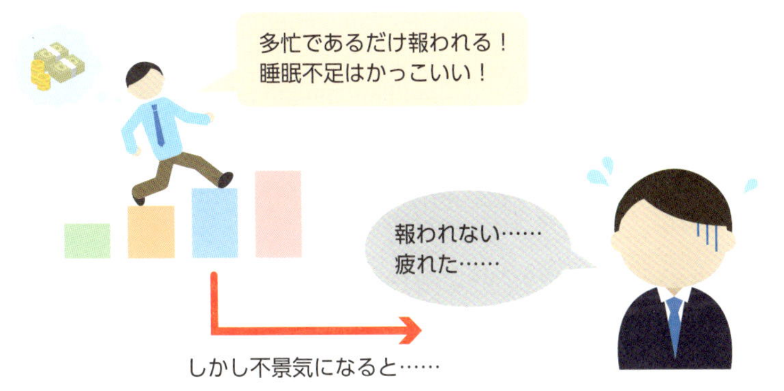

▲「長く働くことが偉いことである」という価値観は現在も根強く、若い社員が有給休暇を取りづらい、と感じることも多い。

自殺者数の推移と勤務問題を原因の１つとするもの

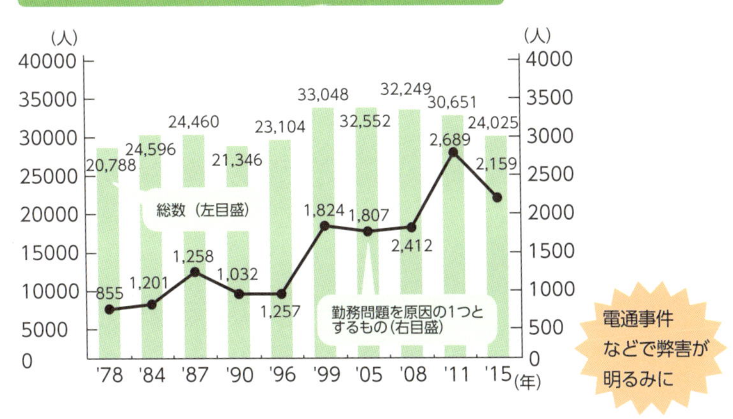

出典：「過労死等の現状」（https://www.mhlw.go.jp/wp/hakusyo/karoushi/16/dl/16-1-1.pdf）

▲'07年の自殺統計から、原因と動機を最大3つまで計上することとしたため、'06年以前との単純比較はできないが、2011年以降少しずつ右肩下がりとなっている。

003

過労死・過労自殺や健康障害が社会問題に

パートタイム労働者の増加も一因に

2014年11月に施行された「過労死等防止対策推進法」では「**過労死等**」について次のように定めています。「業務における過重な負荷による脳血管疾患若しくは心臓疾患を原因とする死亡若しくは業務における強い心理的負荷による精神障害を原因とする自殺による死亡又はこれらの脳血管疾患若しくは心臓疾患若しくは精神障害をいう。」

1980年代においても日本の長時間労働への“信仰”は根強く残っていましたが、好景気が終わると、過労による突然死のニュースが相次ぎます。1990年12月4日、新聞奨学生として新聞販売店に勤務していた学生が過労により死亡したほか、翌年には電通事件が起こり、1999年には東京都の小児科医の男性がやはり過労から自殺してしまいます。現在でも、飲食店やIT業界などで月の残業時間が100時間を越す長時間労働が蔓延し、過労死や過労自殺、過労によるうつ病などの報告は年々増加しています。

しかし、厚生労働省の「毎月勤労統計調査」によれば、国民の総労働時間そのものは、1993年ごろから現在に至るまでほぼ変化がないのです。にもかかわらず、なぜ過労の問題が増え続けているのでしょうか。要因の1つは、労働時間の少ないパートタイム労働者の比率が増え続け、**そのぶんを肩代わりするかたちで正社員の労働時間が増えた結果、全体の労働時間が横ばいになっている**、ということです。「働き方改革」が目指す長時間労働の是正は、給与や待遇といった労働格差と同時に考えていく問題です。

増える過労死、その原因は?

年間総実労働時間の推移(パートタイム労働者を含む)

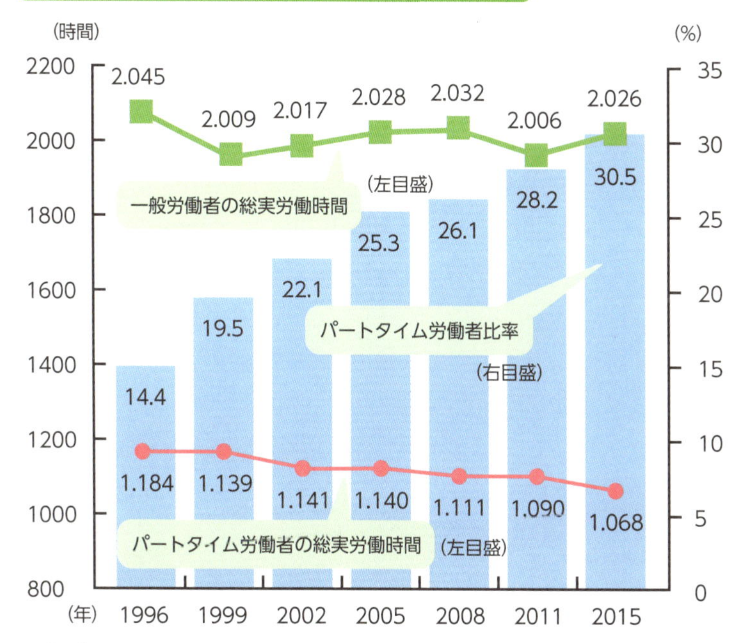

出典:「過労死等の現状」(https://www.mhlw.go.jp/wp/hakusyo/karoushi/16/dl/16-1-1.pdf)

▲事業所規模5人以上を対象に測定している。総実労働時間の年換算値については、各月間平均値を12倍し、小数点以下第1位を四捨五入したもの。

▲業界別で見ると、運輸業・郵便業、卸売業・小売業、建設業、製造業などに過労での死者が多い。また年齢別では50代の男性がもっとも多いという統計結果が出ている。

004
日本人の労働時間は長すぎるのか?

残業制度と年休取得に問題あり!

日本の法定労働時間は、**1日8時間・週40時間以下**となっています。アメリカの労働時間制度も同じですが、超過労働させたにもかかわらず残業代が未払いだった場合、罰金か禁固刑に処せられます。ドイツでは、一般労働者の労働時間は1日8時間以内とされており、勤務後は連続して11時間休息を取ることが定められています。フランスでは、労働時間は週35時間以内と定められており、1日10時間を超えて労働してはなりません。繁忙期など特例としての時間外労働でも、上限は週48時間です。イギリスの法律は、「使用者は原則として、各労働者が任意の17週の期間を平均して各週48時間以上労働しないようにするため、あらゆる合理的な措置をとらなければならない」とし、24時間ごとに連続した11時間以上の休息を与えなければならないとしています。

のちに確認していくように、日本では残業制度にルーズな点が多く、欧米と比べ無理な働き方を強いられるケースが多々あります。また、**日本の年休取得は欧米に比べて約20日も短く残業時間も多い**ため、**年間の総労働時間は2016年度で1,724時間**に達しています。これは、**アメリカの1,789時間よりは少し短く、ドイツの1,298時間、フランスの1,298時間、イギリスの1,694時間と比べるとかなり長い数字**です。

2013年には、国連の社会権規約委員会が日本政府へ規制を講じるべきだと勧告しています。そういった国際的な流れもあり、今後、長時間労働の是正は大きな焦点となるでしょう。

主要先進7カ国を比較してみると（2016年）

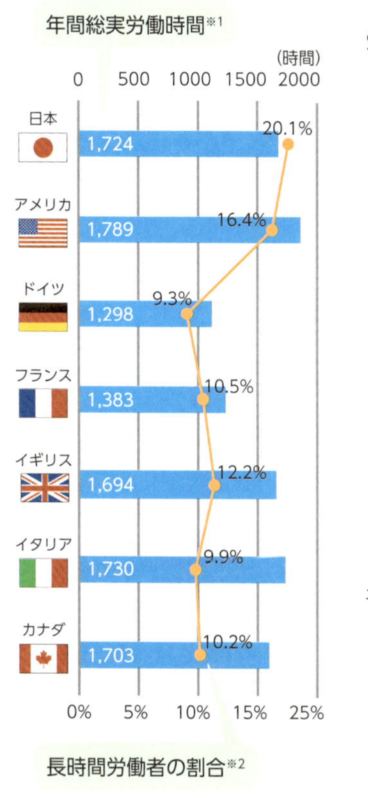

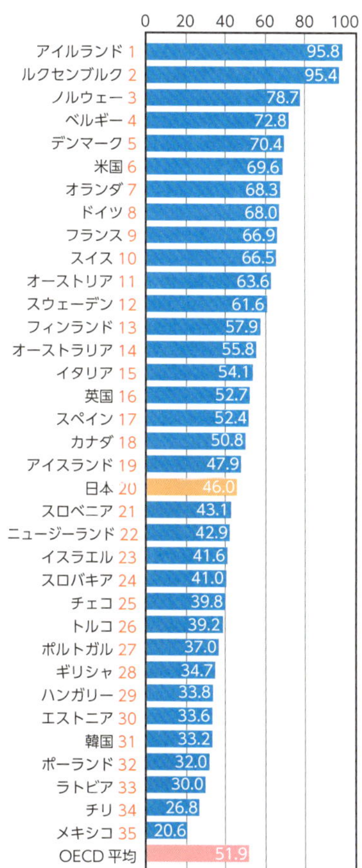

※1　労働者が実際に働いた時間を指す
※2　週49時間以上の労働者を指す
※3　単位：購買力平価換算USドル
出典：「データブック国際労働比較2018」（https://www.jpc-net.jp/intl_comparison/intl_comparison_2017.pdf）

▲日本における労働の特徴は、労働時間が長く労働生産性が低いということだ。

1
なぜいま？　働き方改革が必要なのか

005

少子高齢化、介護で人手が足りない!

社会保障の充実と老人の就業が急務

少子高齢化は日本における大きな問題の1つです。厚生労働省の「人口動態統計月報年計（2017年）」によると、2016年の年間出生数は100万人を割り、97万6,978人にとどまりました。また、25～29歳の母親の数は、ここ30年で半分以下に減ったのに対し、40歳以上の母親の数は6倍以上に増えるなど晩産化が進んでいます。背景には女性の社会進出や価値観の多様化のほか、育児離職の不安や育児施設の不足といった福利厚生・社会インフラの問題もあります。

一方で高齢者の割合は増加しています。国立社会保障・人口問題研究所は、2040年になると65歳以上の高齢者の割合が2015年の26.6%から35.3%に増えるとの推計を発表しています。すでに介護離職は問題になっており、総務省の「平成29年就業構造基本調査」によれば、**年間10万人近くが、親の介護で離職せざるを得ない状況**となっています。生産活動に従事できる15歳以上65歳未満の「生産年齢人口」は1995年からずっと減少しています。その割合は2015年の60.6%から、推計では2040年には53.9%に下がるとされています。すると日本の成長を牽引する人がますます足りなくなります。

しかし、意欲的な高齢者も多く存在しています。内閣府「高齢者の日常生活に関する意識調査（平成26年）」では、**60歳以上の高齢者の55%が65歳を超えても労働に従事したいと望んでいます**。現状では、実際に働いているのは2割程度ですが、このような高齢者の就業機会を確保していくための制度作りと、若い世代が安心して子供を育てられる社会保障の整備が必要とされています。

少子高齢化がもたらす悪循環

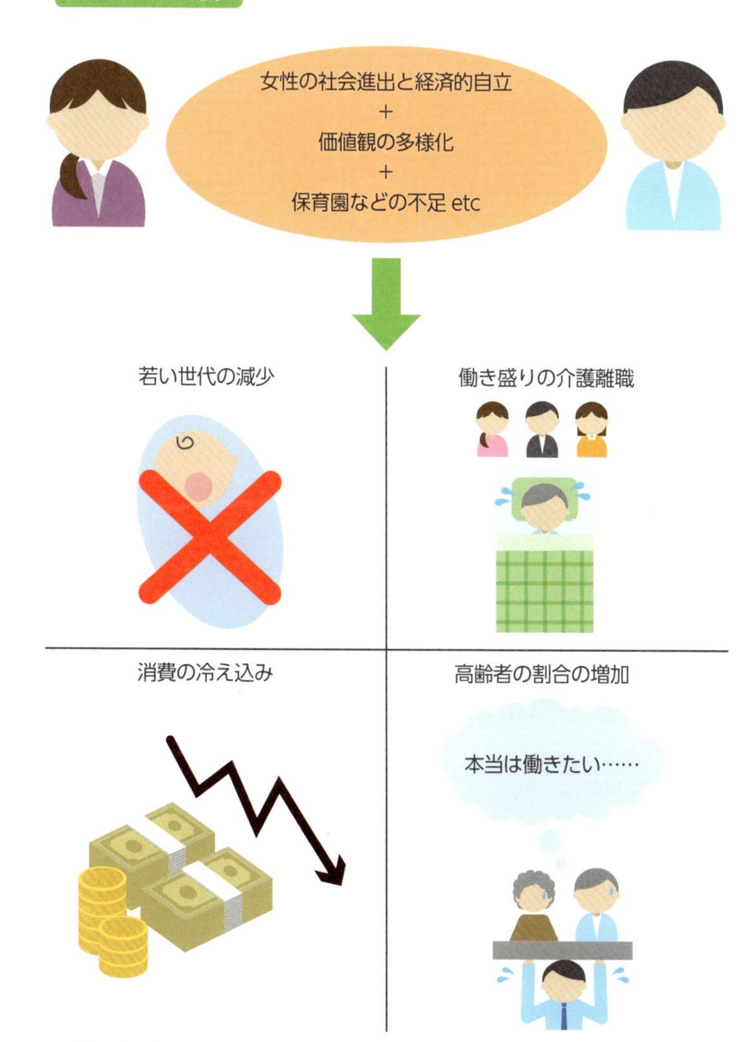

▲内閣府「高齢者の経済生活に関する意識調査（平成23年度）」によれば、55歳以上の男女の中で、現在の貯蓄額が老後の蓄えとして不十分であると答えた層が 65.1%に上っている。高齢者の就業は、そのような点でも必要とされている。

006

サラリーマン時代の終わり? 働き方の多様化

ニーズに合わせた労働規制の整備に向けて

さまざまな事情により、正社員として毎日会社に通い、週に40時間働くといったスタイルを採用できない人々がいます。「平成22年国民生活基礎調査」に基づく推計では、仕事を持ちながら、がんで通院している労働者が32.5万人に上っています。健康診断においても、脳・心臓疾患につながるリスクのある有所見率は年々増加し、2014年は53%に上っています。また、005で確認したように、介護離職を余儀なくされている団塊ジュニア世代も数多くいます。正社員の就労者のうち1000人を対象にした三菱UFJリサーチ&コンサルティング株式会社の2013年のアンケートでは、「介護を担っている」という回答が男性で14.4%、女性で10.7%を占めました。

育児をしながら働く人々もいます。しかし厚生労働省の統計によれば「職場が育児休業制度を取得しづらい雰囲気だったから」という理由で育児休暇を取得しなかった人が一定数いるなど、制度があっても実効性が十分とはいえない、というケースもあります。

このように、画一的な働き方を適用できない人の割合は多く、今後も高まっていきます。そのため、1つの仕事だけを行うのではなく、**副業や兼業を行うことで複数の収入源や人間関係を確保するという考え方**も広まりつつあります。長らく続いてきた、一括して新卒採用で人材を取り入れたあとで仕事を割り振っていく「**メンバーシップ型**」と呼ばれる雇用形態から、専門的なスキルを持つ人材が、職務や勤務場所を絞り込んで従事する「**ジョブ型**」という雇用形態も選べるようになることが望まれています。

ニーズに合わせた労働規制の整備に向けて

「治療しながら働きたい」が大多数

病気発症以降の就労への意向

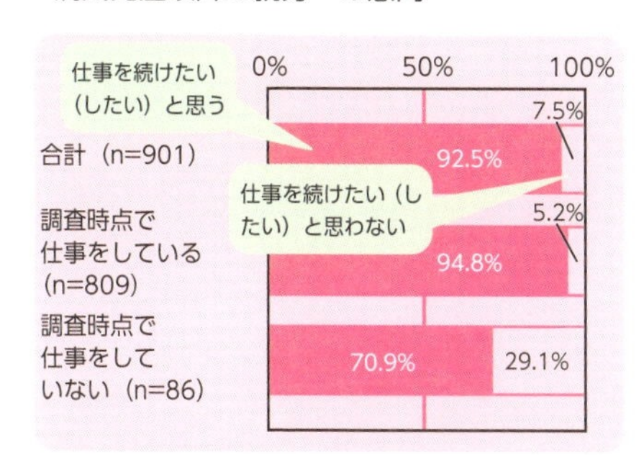

雇用者側の難点は……

- 代替要員の確保
- 再発予防対策
- 復職可否の判断
- 適正配置の判断

出典：「平成25年度厚生労働省委託事業　治療と職業生活の両立等の支援対策事業調査結果」（https://www.mhlw.go.jp/new-info/kobetu/roudou/gyousei/anzen/dl/140328-01.pdf）

介護を行う中で困った点や直面した課題（複数回答）

休暇を取得しないといけない（25.9%）・休暇日数が不足する（13.1%）

働き方を変えることで収入減（22.3%）

勤務先の理解が得られない、上司から（17.4%）・同僚から（12.9%）

勤務時間や日数を減らさないといけない（17.3%）

出典：「介護労働の現状」（https://www.mhlw.go.jp/bunya/koyoukintou/josei-jitsujo/dl/12c-2.pdf）

▲育児においては、2017年3月に改正育児・介護休業法が公布され、育児休業期間が「2歳まで」に延長された。

007

AI・RPAが人の働き方を変える

業務自動化によって求められる、新たな企業体制

日本の労働力人口が不足していく状況において注目されている技術が「**AI**」と「**RPA**」です。AIとは人工知能のことですが、従来は人間にしかできなかった高度な判断を、大量のデータをもとにした「機械学習」によって、コンピュータが自律的に実行できるようにする技術です。ビジネスにおいても日常業務から経営戦略まで、合理的で最適な判断を下すためにAIの活用が進んでいます。

RPAとは「**ロボティクス・プロセス・オートメーション**」の略で、オフィスワーカーの**定型業務をソフトウェアロボットによって自動化すること**です。たとえば帳簿入力や伝票作成、月次集計、経費チェックなどの大量で時間のかかる単純作業を代替し、人より高速かつ正確に処理してくれます。

AIやRPAは、**労働力不足を救う切り札**ともいわれています。AIとRPAが連携することで、さらに高度な判断や意思決定を含む業務まで自動化が進むと期待されています。その効果は、労働力不足への対応、長時間労働の是正、業務品質の向上、人材の適正配置と有効活用、余剰時間での新規事業の創出など多岐にわたります。自動化によって企業は生産性と競争力を高められ、働く人はより意義のある創造的な仕事に専念できます。

労働時間の使い方が効率的になれば、仕事と余暇や育児・介護との両立という、直面する課題の解決にもつながります。今後は、自動化できる業務はAIやRPAに任せて、**人はもっと創造的な仕事にシフトしていく**という流れになるでしょう。

AI・RPAによって、働き方がどう変わるのか

人間には体力の限界があるが……

AI・RPAは24時間365日働ける

・長時間労働からの解放

・業務品質の向上、顧客満足に注力

・創造的な仕事へのシフト

・仕事への満足度の向上

・AI・RPAが生んだ時間と人材で新規事業を創出

・余暇の増加と活用

・家事や育児、介護、趣味など仕事以外の時間の創出

▲AI・RPAが雇用を奪うのではという議論もしばしばあるが、あくまでこれらの技術は人間の仕事の一部を代替する目的で使用されるケースが多いため、直接雇用に影響を及ぼす可能性は低い。

008

国際競争で負けない生産性を確立

労働時間は長く、生産性は低い日本

働き方改革の重要な目的のひとつに、「**生産性の向上**」があります。先進国の中で見た日本は、**名目労働生産性(就業者1人あたり付加価値額)はOECD加盟35カ国中21位**（「労働生産性の国際比較2017年版」公益財団法人日本生産性本部）で加盟国平均を大きく下回っており、**先進7カ国（G7）では最下位**です。しかし、1人あたりの総労働時間は長いのです。生産性の低さを長時間労働で補ってきた形が、労働力不足でこのままでは立ち行かなくなったのです。

日本が90年代から長く低成長を抜け出せない間に、中国や韓国といったアジアの国が力を付けました。お家芸だった電気・電子機器や自動車分野での優位性は失われ、2000年以降急速に成長した巨大なICTビジネスの分野では立ち遅れています。GDPは中国に抜かれ世界3位となり、グローバル化する経済圏での企業の競争力が低下し続けています。その大きな要因に、80年代までの成長期の「働き方」を変えられなかったことがあります。

企業の成長には、常に新しい事業の創出が必要です。しかし、日本の雇用体系は、長時間労働が求められる正社員と、低賃金で不安定な非正規雇用者に二極化していき、再挑戦の可能性が低いため、失敗を恐れず挑戦する思考が生まれにくくなりました。

国内市場が収縮して競争が世界規模になると、年齢・性別・国籍を問わずに優秀な人材を活用していかないと企業は勝ち残ることができません。すると**労働者の競争相手も国内だけではなくなります**。それには固定化した働き方を大きく変えないといけないのです。

低調が続く日本の課題は？

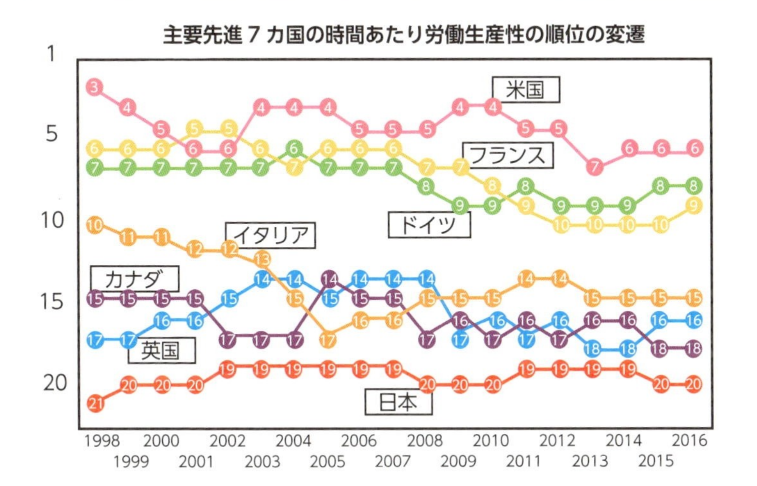

就業者１人当たり労働生産性　上位 10 カ国の変遷					
	1980 年	1990 年	2000 年	2010 年	2016 年
1	ルクセンブルク	ルクセンブルク	ルクセンブルク	ルクセンブルク	アイルランド
2	オランダ	米国	米国	ノルウェー	ルクセンブルク
3	米国	ベルギー	ノルウェー	米国	米国
4	ベルギー	イタリア	イタリア	アイルランド	ノルウェー
5	イタリア	ドイツ	イスラエル	スイス	スイス
6	アイスランド	オランダ	ベルギー	ベルギー	ベルギー
7	ドイツ	アイスランド	アイルランド	イタリア	オーストリア
8	カナダ	フランス	スイス	フランス	フランス
9	オーストリア	オーストリア	フランス	オランダ	オランダ
10	フランス	カナダ	オランダ	デンマーク	イタリア
	日本（20 位）	日本（15 位）	日本（21 位）	日本（21 位）	日本（21 位）

出典：「労働生産性の国際比較2017年版」（https://www.jpc-net.jp/intl_comparison/intl_comparison_2017_press.pdf）

▲ドイツでは1日10時間を超える労働を課すと、罰金が科される。日本においても、いかに決められた時間内で効率的に働くかを考えさせる環境を作ることが急務となっている。

009

女性・若者・障害者・外国人・LGBTが活躍できる社会へ

ダイバーシティの概念理解がカギ

働き方改革の推進には、労働人口の維持および底上げが不可欠です。そのため、雇用の公平性を意味する「**ダイバーシティ**」の概念が掲げられています。

第一に、女性が働きやすい環境整備です。**女性の採用比率は2017年で41.5%ですが、その中で非正規雇用率は55.5%**と、男性の21.8%に比べてはるかに高い状況です。また勤続年数や管理職の比率は男性に比べて低く、改善が望まれています。次に、若者の雇用も大きな課題です。**若年無業者（15～34歳の非労働力人口のうち家事も通学もしていない者）は2017年に54万人**に達しており、この層を就業させる支援が必要となっています。

また、障害者雇用については2018年4月から民間企業の障害者法定雇用率が2.2%に、行政機関は2.5%に引き上げられました。近年診断が増えている発達障害者も特性を理解することで能力を発揮できるため、職場環境を整えて積極的に採用する企業も現れています。また近年では、性的マイノリティを意味する「**LGBT**」が広く認知されるようになっており、理解を深めていくことが必要です。

加えて、国際競争力のアップには**外国人の人材活用**も不可欠です。2018年12月には、新たな外国人材受け入れのために「出入国管理及び難民認定法及び法務省設置法の一部を改正する法律」が成立しています。その中で「特定技能1号」として、不足する人材の確保を図るべき産業上の分野に属する相当程度の知識や経験を要する技能を持つ外国人向けの在留資格を定めました。

ダイバーシティ実現のため必要なもの

ダイバーシティとは

DIVERSITY

互いの違いを受け入れ尊重することで、成長力につなげる

女性・若者

・女性活躍推進法の強化
・育児後の再就職支援
・若者の学びなおし支援

障害者

・雇用の可視化
・就労支援の推進
（雇用義務のある企業の約３割が障害者雇用ゼロ）

外国人

・評価システムの明確化
・英語環境の整備
・永住権取得の高速化

LGBT

・カミングアウトしやすい企業風土作り
・具体的な行動宣言や啓蒙活動

先進的な取り組みには表彰も

・ダイバーシティ推進を公言
・経営層による座談会を通じ管理職の意識改革
・女性管理職の増加

▲経済産業省では、「新・ダイバーシティ経営企業100選」として、ダイバーシティ推進を経営成果に結び付けている企業の取組を広く紹介している。

1
なぜいま？　働き方改革が必要なのか

010

ワークライフバランスの考え方が普通に

「ワーク」と「ライフ」双方の質を高める

働き方改革は、仕事と生活との調和を図る「**ワークライフバランス**」の理念を基本としています。第1次安倍内閣時に始まった「官民トップ会議」で2007年に策定された「仕事と生活の調和（ワーク・ライフ・バランス）憲章」の中で「国民一人ひとりがやりがいや充実感を感じながら働き、仕事上の責任を果たすとともに、家庭や地域生活などにおいても、子育て期、中高年期といった人生の各段階に応じて多様な生き方が選択・実現できる社会」とされています。

しかし、従来の働き方のままでは、単に労働時間を減らしても生産性が低下するだけです。また、給与額に残業代が多く含まれていた人にとって、労働時間の削減はそのまま給与の減額を意味します。つまり、**時間外労働を減らしつつ給与と生産性を維持するという難題をクリアする必要があるのです**。

そのためにまず必要なのは、**単位時間あたりの労働生産性向上**です。また、転職のハードルを下げ、労働者がより柔軟にキャリア設計を行うことができる労働市場の確立が必要でしょう。労働者の生活とバランスさせつつ生産性を上げることで給与が底上げされ、需要の拡大が起こります。そして最終的には企業の生産性と国の経済成長につなげていくことが、ワークライフバランスの狙いなのです。より具体的には、**最低賃金の引き上げ**のほか、正規雇用と非正規雇用の不合理な待遇の差を解消する「**同一労働同一賃金**」の導入などが実施されるなど、さまざまな取り組みが始まろうとしています。

属性別のワークライフバランスの希望と現実

仕事優先　家事優先　仕事と家事優先
プライベート優先　仕事とプライベート優先　家事とプライベート優先
仕事・家事・プライベートを両立

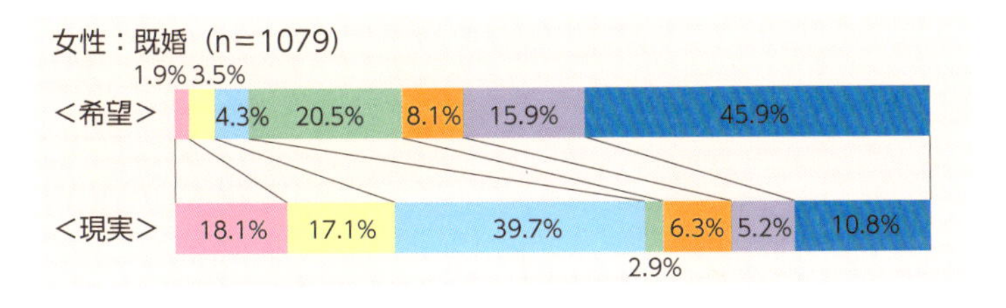

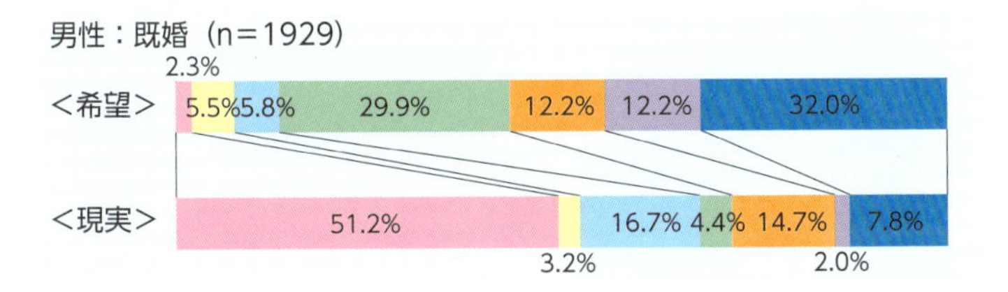

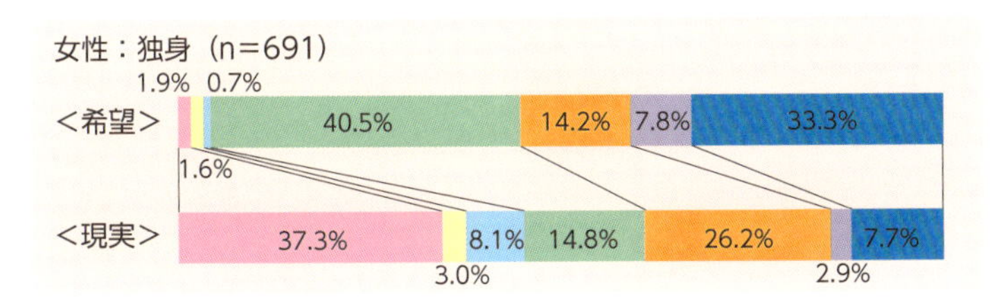

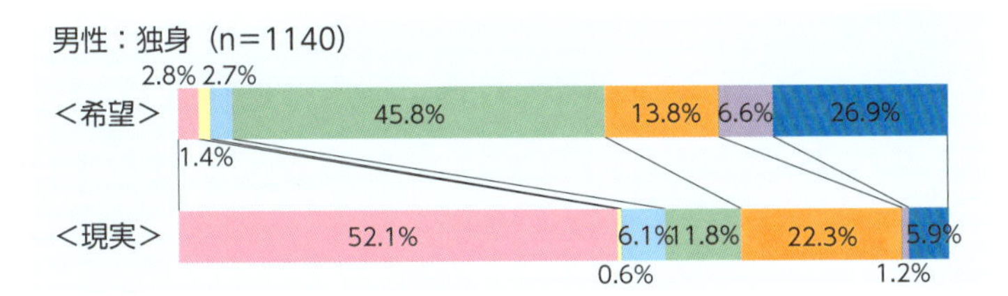

出典：「男女の働き方と仕事と生活の調和（ワークライフバランス）に関する調査」（http://www.gender.go.jp/kaigi/senmon/syosika/pdf/g-work.pdf）

▲ワークライフバランスの実現には、賃金格差も大きな問題だ。一般労働者に比べ、非正規の労働者は年齢に関係なく賃金が一定になっており、このような格差を解消する必要がある。

011

安倍内閣による改革の背景と歴史

「新三本の矢」のカギを握る働き方改革

2015年10月7日の第3次安倍第1次改造内閣発足時に、安倍首相は「**一億総活躍社会**」を掲げます。GDP600兆円、希望出生率1.8、介護離職ゼロという3つの目標に向かって、「希望を生み出す強い経済」「夢をつむぐ子育て支援」「安心につながる社会保障」という、いわゆる「**新三本の矢**」が示されます。首相自らが議長となり「一億総活躍国民会議」で政策の具体化が進められ、2016年6月に「ニッポン一億総活躍プラン」が閣議決定されます。そこにおいて働き方改革は、一億総活躍社会の実現に向けた**横断的課題として「最大のチャレンジ」**と位置付けられます。

背景には、少子高齢化のために、このままでは日本の生産力が落ち続け、国際的な地位が低下していく危機感があります。その解決には、労働生産性を高め、就労率を向上させ、誰もがやりがいを持って働くことができる働き方の変革が必要だと考えられたのです。2016年9月27日に有識者を集めて「**働き方実現会議**」の第1回会合が行われ、首相から9つのテーマが示されました。その後、会議は半年に渡って行われ、並行して総理とパートタイム労働者など実際に現場にいる人々との意見交換会も持たれます。そして、2017年3月の第10回会議で「**働き方改革実行計画**」が決定されます。その実現に向けて法制度を整えるため労働関連法を一括して改正する法律案が取りまとめられました。これは第196回国会に提出され、与野党審議による修正を経て、2018年6月29日に可決されます。**働き方改革関連法**が成立となったのです。

「一億総活躍社会」のために

「働き方改革実現会議」で議論されたテーマ

2016年9月～
2017年3月

1. 同一労働同一賃金など非正規雇用の処遇改善
2. 賃金引き上げと労働生産性の向上
3. 時間外労働の上限規制の在り方など
   長時間労働の是正
4. 雇用吸収力の高い産業への転職・再就職支援、
   人材育成、格差を固定化させない教育の問題
5. テレワーク、副業・兼業といった柔軟な働き方
6. 働き方に中立的な社会保障制度・税制など
   女性・若者が活躍しやすい環境整備
7. 高齢者の就業促進
8. 病気の治療、そして子育て・介護と仕事の両立
9. 外国人材の受入れの問題

2017年3月

「働き方改革実行計画」決定

働き方改革関連法案作成

2018年1月～

国会審議

2018年6月

働き方改革関連法　成立

2017年6月～

建設業・自動車運送事業の働き方改革に関する関係省庁連絡会議

2017年8月～

医師の働き方改革に関する検討会

▲働き方改革関連法は、「一億総活躍社会」を実現するための横断的テーマとして、安倍首相の強い主導で成立に至った。

Column

いつから変わる? 「働き方改革」スケジュール

2019年4月から施行される制度は次の通りです。「時間外労働時間の上限規制（罰則付き）」（中小企業除く）、「年5日の有給休暇の取得義務化」（事業主が時季指定）、「高度プロフェッショナル制度の創設」（年収1,075万円以上の労働者が対象）、「フレックスタイムの清算期間の延長」（3カ月に）、「労働時間の状況の把握の義務化」（管理監督者を含む）、「産業医・産業保健機能の強化」、「勤務間インターバルの導入推進」（努力義務）があります。2020年4月からは「時間外労働時間の上限規制」が中小企業にも適用されます。そして「同一労働同一賃金」が実施されます（中小企業は2021年4月から）。正規・非正規等の雇用形態に関わらず、職務内容や態様（職務転換・異動の有無など）に応じて不合理な差別が禁止されます。2023年4月からは「月60時間超の時間外労働の割増賃金率（50%以上）」についての中小企業への猶予措置が廃止され、すべての企業に適用となります。

2019年	2020年	2021年	2023年
・時間外労働の上限規制（中小企業除く） ・フレックスタイムの清算期間の延長 ・労働時間の状況の把握の義務化 ・産業医・産業保健機能の強化 ・勤務間インターバルの導入推進（努力義務）	・時間外労働の上限規制（中小企業含む） ・同一労働同一賃金（中小企業除く）	・同一労働同一賃金（中小企業含む）	・月60時間超の時間外労働の割増賃金率50%以上（中小企業の適用猶予措置の廃止）

※中小企業とは、資本金の額または出資の総額が3億円以下（小売業・サービス業は5000万円以下、卸売業は1億円以下）の事業主、および常時使用する労働者が300人以下（小売業は50人以下、サービス業・卸売業は100人以下）の事業主を指す。

Chapter 2

はやわかり! 働き方改革とは何か?

012

働き方改革の3本柱とは?

改革の推進・長時間労働の是正・公正な待遇

働き方改革は、「働き方改革の総合的かつ継続的な推進」「長時間労働の是正と多様で柔軟な働き方の実現等」「雇用形態にかかわらない公正な待遇の確保」の3本柱からなっています。この3本柱を法案としてまとめたのが、「**働き方改革関連法**（働き方改革を推進するための関係法律の整備に関する法律）」で、施行は2019年4月です。

「働き方改革の総合的かつ継続的な推進」には、主に雇用対策法の改正が挙げられます。法律の名称を変え、目的として**多様な事情に応じた働き方**で労働者の能力の発揮と職業の安定を図ると明記されました。育児・傷病・介護など労働者の生活事情に合わせた労働形態を保証することが目標です。

「長時間労働の是正と多様で柔軟な働き方の実現等」では、労働基準法の改正によって、**時間外労働の上限規制が導入される**ほか、一定の年収要件を満たす一部の労働者に対して労働時間規制が適用されない「**高度プロフェッショナル制度**」が創設されます。

「雇用形態にかかわらない公正な待遇の確保」は、長年課題となっていた、雇用形態にかかわらず、同じ職務には公平に賃金を支払う「**同一労働同一賃金**」が主なテーマです。具体的には、パートタイム労働者に加えて有期雇用労働者もその対象とするパートタイム労働法の改正などが含まれ、政府は働き方改革の目玉と位置付けています。働き方改革は、労働者の多様な働き方を保証することで、労働生産性を向上させ、**個人の所得増、企業の収益力の向上、国の経済成長**が同時に達成されるとしています。

働き方改革の3本柱

①働き方改革の総合的かつ継続的な推進

・雇用対策法の改正
→多様な事情に応じた労働者の能力発揮と職業の安定をめざす目的

・国が「基本方針」を策定
→厚生労働大臣が立案して閣議決定
情勢に応じ変更する

・中小企業の取り組みを推進
→協議会の設置など連携体制の整備

②長時間労働の是正と多様で柔軟な働き方の実現等

・時間外労働の上限規制
→原則月 45 時間、年 360 時間など

・高度プロフェッショナル制度
→収入を確保しながらメリハリのある自由な働き方への選択肢

・勤務間インターバル制度の普及促進
→一定時間の休息の確保を事業主に求める（努力義務）

③雇用形態にかかわらない公正な待遇の確保

・不合理な待遇差を解消する規定の整備
→非正規労働者と正社員との格差解消

・労働者に対する待遇に関する説明義務の強化
→非正規労働者から求めがあった場合、事業主に説明義務

・行政による裁判外紛争解決手続（ADR）の整備
→労働者の負担を減らして迅速な解決を可能に

▲3つの柱の狙いは、労働生産性と就業率の向上にある。その成果が働く人に分配され、成長と分配の好循環が構築されることが望ましい。

013

雇用対策法改正で働き方を大改革

多様な就業形態の取り入れと、労働生産性向上を目指す

働き方改革の第1の柱である「働き方改革の総合的かつ継続的な推進」の実現にあたって進められたのが、政策の理念や国と地方公共団体との連携、事業主の責務について定めた**雇用対策法の改正**です。新たに「**労働政策の総合的な推進並びに労働者の雇用の安定及び職業生活の充実等に関する法律**」と名付けられたうえで、雇用形態と関係なく、仕事の中身や成果で公平に報いる賃金制度の必要性が基本理念に明記されました。

注目すべきは、第1条の目的規定です。ポイントは国が施策を講ずる対象が「**雇用**に関し」から「**労働**に関し」に変わったこと、促進するのは「**労働力の需給**が質量両面にわたり**均衡**すること」だったのが、「労働者の多様な事情に応じた**雇用の安定**及び**職業生活の充実**並びに**労働生産性の向上**」の3つに変わったことです。ここでは、多様な就業形態を取り入れ、ワークライフバランスを実現しながら労働生産性の向上を目指すという姿勢が打ち出されています。

また、第3条の基本的理念は、労働者は、**職務の内容・能力等**（経験ほか必要事項）が明らかにされ、これらに即した評価方法で**公正に評価**され、それに基づく**処遇を受けること**（その確保のための措置の実施）により、職業の安定が図られるように配慮される、という規定が追加されました。こちらは育児や介護、障害といった事情を抱える人々も意欲的に労働に参加できるよう、働き方にかかわらず労働者を公正に評価して賃金や待遇を与えることで、**安定してずっと働き続けられるようにする**ことを理念としています。

「雇用」から「労働」に関する施策へと転換

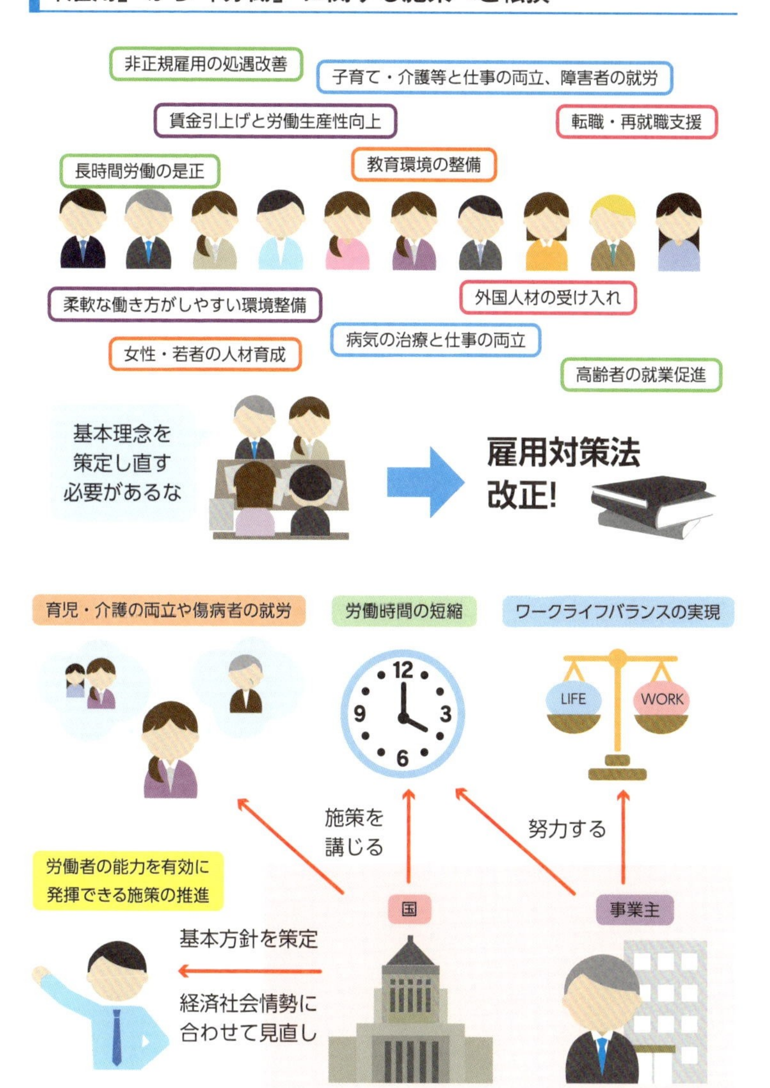

▲「労働生産性の向上」をめぐって、労働者代表委員会からは、人員削減や労働強化への懸念も表明された。厚生労働省は「「職業の安定」という考え方に相反するような労働生産性の向上は、法律として意図していない」と答えている。

014

長時間労働を減らし、多様で柔軟な働き方を実現

労働時間だけでなく環境も含めた包括的な変革

働き方改革の第2の柱は「**長時間労働の是正と多様で柔軟な働き方の実現等**」です。労働基準法、労働時間等設定改善法、労働安全衛生法が主な改正対象ですが、具体的にどう変わるのでしょうか。

まずは、「**時間外労働の上限規制**」の導入です。従来、臨時的な特別の事情がある場合、事実上限度なしで働かせることが可能でしたが、改正によって上限が定められました。また、中小企業における月60時間超の時間外労働に対する割増賃金率の適用猶予も廃止されます。年次有給休暇取得促進策も施行され、付与した有給休暇を消化させることが、使用者に対して義務付けられます。そのほか、労働時間状況の把握についても同様に義務付けられます。

義務化ではありませんが、「**勤務間インターバル制度**」の導入推進も、事業者の努力義務とされています。これは勤務終了後、一定時間以上の休息時間（インターバル）を設け、労働者の健康を確保する制度です。また、フレックスタイム制度について、これまで清算期間が最長1カ月だったものが最長3カ月に延長されます。このような直接労働時間につながる改革はもちろん、**産業医・産業保健機能の強化**により、産業医の勧告内容を衛生委員会に報告させるといった、職場環境の整備も行います。

加えて「**高度プロフェッショナル制度**」も創設されました。金融商品の開発業務やアナリスト業務など専門性の高いスキルを有する労働者に限り、労働時間規制の適用外となります。労働時間でなく成果で評価するという、柔軟な働き方を促す制度としています。

長時間労働の是正と多様な働き方の制度

時間外労働の
上限規制の導入

中小企業における月60時間超の
時間外労働の割増賃金率
（50%以上）の猶予措置廃止

一定日数の年次有給
休暇の確実な取得

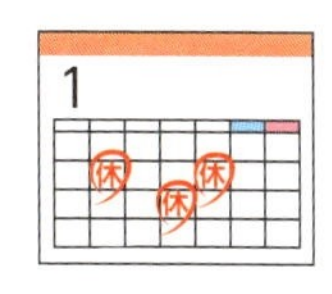

労働時間の状況の
客観的な方法での把握

フレックスタイム制の
清算期間の延長（3カ月）

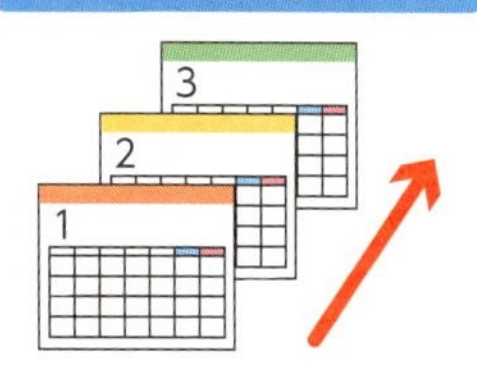

高度プロフェッショナル
制度の創設

勤務間インターバル
制度の普及促進

産業医・産業保健機能の
強化

▲このような、長時間労働の是正と多様な働き方を実現するための施策を実現させるべく、関係法令の改正が行われた。

015

青天井を禁止! 時間外労働の上限規制の導入

労働基準法の改正で基準と罰則を明記

働き方改革における重要課題ともいえる時間外労働の上限規制にあたり、労働基準法36条が改正されます。同条は、労使間で書面による協定（通称、36(サブロク)協定）を結んで労働基準監督署に届け出ることによって、**法定労働時間を超えた労働と法定休日の労働を認める**規定です。改正前の条文の規定では、36協定を結ぶ場合は、労働時間延長の限度、割増賃金の率などについて厚生労働大臣が基準を決めて告示していました。今回の改正ではそれが条文に明記され、36協定の**法定時間外労働の上限は原則として月45時間、年360時間**とされました。

また、36協定では、繁忙期などは臨時的に年に6カ月までは基準を超えて働かせる「**特別条項**」を設けることができます。この場合の労働時間の制限はなかったのですが、これも**月100時間、年720時間**と上限が決められ、**6カ月まで月ごとの平均が80時間を超えない**などの細かい条件が加わりました。さらに、これらの規定に違反すると罰則を課す条文が追加されました。特別条項の対象となる業務については具体的に定める必要があり、「業務の都合上必要な場合」や「業務上やむを得ない場合」など、恒常的な長時間労働を招く可能性があるものは認められません。

これらの上限時間は法律で定められた、あくまで最長の時間です。そのため36協定を結ぶ際は、各事業場の労使はそれぞれの業務の事情を考慮した上で、適正な範囲で時間外労働時間と特別条項による延長時間の各上限を定めるのが望ましいとされています。

安易な長時間労働を防ぐために

改正前

労働時間延長の限度は告示に過ぎず、労使の合意に任せられていた

青天井

もう○時間、働ける?

はい……

改正後

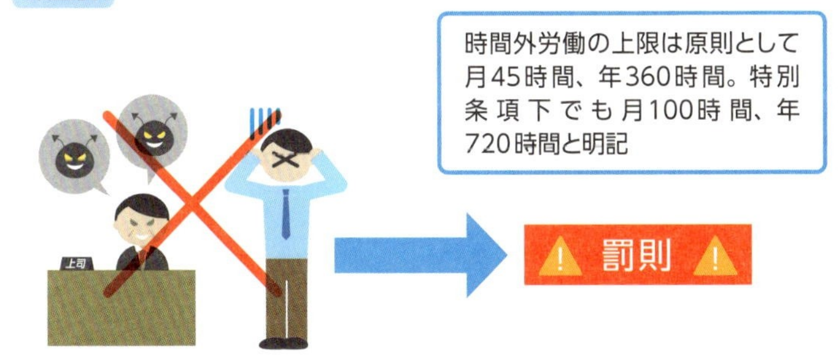

時間外労働の上限は原則として月45時間、年360時間。特別条項下でも月100時間、年720時間と明記

特別条項の対象業務も具体的に

通常は予見できない業務量の大幅な増加など、臨時的に限度時間を超えて労働させる必要がある場合をできる限り具体的に定めなければならない

▲従来、労使協定で時間外労働の上限設定をする方式では、立場上事業者の言いなりになってしまうケースが多かった。法改正によって効果的な抑制が見込まれている。

016

年次有給は「5日必ず取る」に割増賃金率も拡大へ

労働者を休ませるためのしくみ作り

厚生労働省の「就労条件総合調査」によると、2017年の年次有給休暇の取得率は51.1％でした。また、2010年の「年次有給休暇の取得に関する調査」では、1年間で年休を1日も取得できていない労働者が16.4％もいます。年間20～30日の年休をほぼすべて取得できる欧米の労働者と比較すると取得率は半分です。そこで取得率アップのために「**1年に5日以上取得の義務化**」の規定が労働基準法に追加されました。労働者から使用者に取得希望を出すのではなく、**使用者が労働者に休暇日を指定する**ように改正することで、有給休暇を確実に取得させるとしています。

このしくみが適用されるのは、年次有給休暇の付与日数が10日以上の労働者のみです。また、労働者がすでに2日など5日に満たない有給休暇を取得済みの場合は、それを除いた日数の指定義務が生じます。指定して与える時季については、あらかじめ労働者の意見を聞かなければならないと厚生労働省令で定めています。

時間外労働に対する割増賃金率も、対象企業が拡大されます。**月60時間を超える時間外労働が発生した場合、企業は50％以上の割増賃金を支払わなければなりません**。この規定は、大企業では2010年からすでに適用されていますが、中小企業への適用については猶予されていました。しかし、働き方改革によりこの猶予措置は2023年4月に廃止され、すべての企業が対象となります。この割増賃金率については、事業主にそもそも月60時間を超える時間外労働を発生させないようにする狙いがあるのです。

年次有給休暇の取得を推進

年次有給休暇の取得率等の推移（全国）

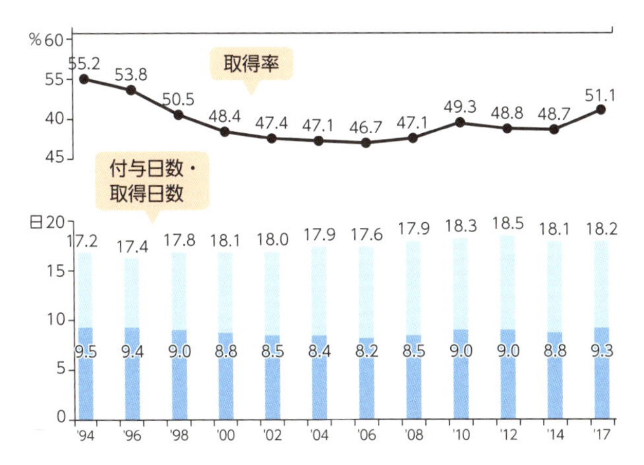

出典:「年次有給休暇の取得率等の推移（全国）」（https://www.jil.go.jp/kokunai/statistics/timeseries/html/g0504.html）

▲政府は、2020年までに有給取得率を70%までアップさせるという目標を掲げている。

時間外労働の割増賃金率が全企業に拡大

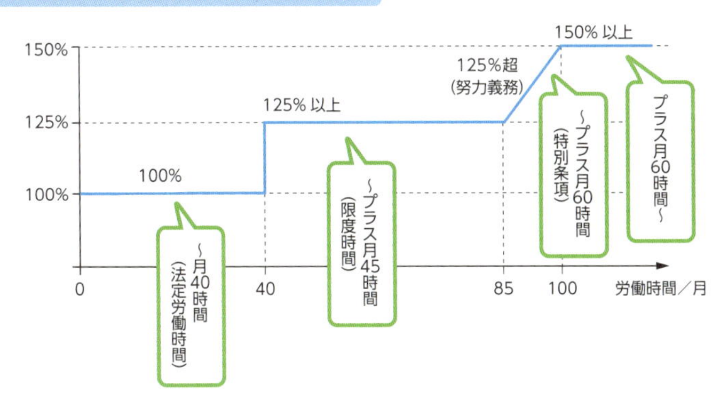

▲時間外労働月60時間超は割増賃金率を50%以上にすることが、2023年4月から中小企業にも義務化される。

017
労働時間規制がない人も実労働時間を正しく把握

労働者と使用者双方が把握義務の対象に

長時間労働の是正をめぐる議論のなかで、勤怠時間の正しい把握の重要性が浮き彫りになりました。2017年1月、厚生労働省は「労働時間の適正な把握のために使用者が講ずべき措置に関するガイドライン」を発表して、タイムカード、ICカード、パソコンなど**客観的な記録方法によって労働時間を把握することを原則**として改めて求めています。また、やむを得ず自己申告で把握する場合は、自己申告の労働時間と入退場記録やパソコンの使用時間等から把握した在社時間との間に著しい乖離があるとき、実態調査をして補正することも求めています。

これらは使用者が労働者に対して講ずべき措置ですが、管理職（労働基準法における管理監督者）とみなし労働時間制の労働者はガイドラインの対象外とされていました。管理職は労働時間規制がなく、規制を受ける一般労働者の肩代わりをする形で管理職自身が長時間労働を強いられるおそれがあります。同様に労働時間規制がない新商品の研究開発の業務についても、長時間労働による健康被害が危惧されます。

そこで労働安全衛生法の改正により、一定の労働時間を超えた場合に厚生労働省令で定める医師の面接指導を実施するために、**管理職を含めたすべての労働者について労働時間の把握義務を拡大**しました。その記録方式は、省令によりタイムカード、パソコンの使用時間の記録など客観的な方法として、把握した労働時間の記録を3年間保管することを求めています。

すべての労働者の労働時間が把握義務の対象に

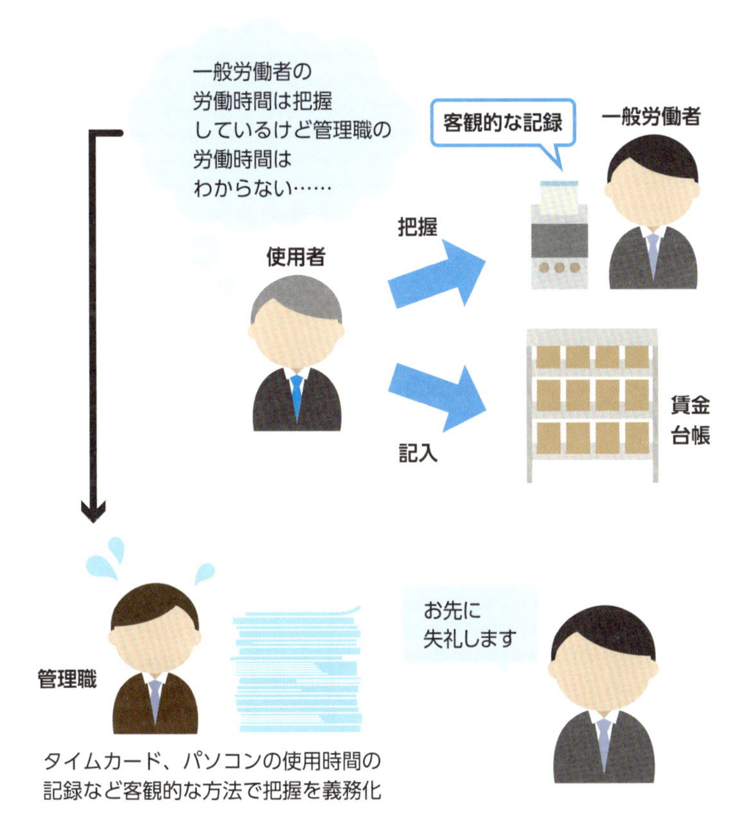

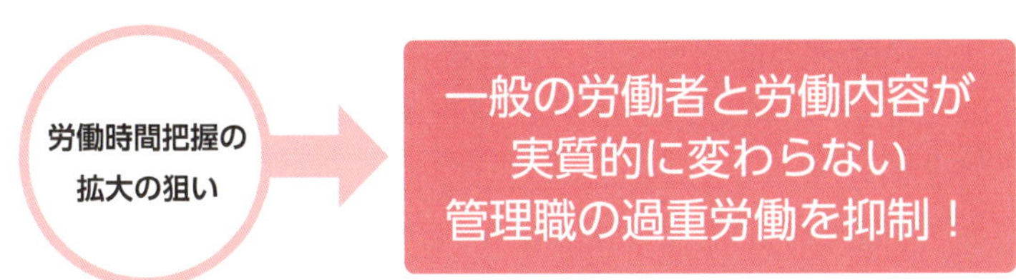

▲役職は管理職であっても実態はない「名ばかり管理職」をどう扱うかなど、課題も残されている。

018

フレックスタイム制を見直し、繁閑により柔軟に対応

清算期間が3カ月に

フレックスタイム制とは、1日の労働時間を規定せず、**一定期間で週平均40時間以内となる労働時間を定め、その間で労働者が労働時間を決めることができる**制度です。繁忙期にオーバーした労働時間を閑散期に清算することが可能で、労働者による労働時間管理の自主性を高めるために多く導入されています。また、子どもの送り迎えや通院しながら働く人にとっても有用な働き方として知られています。しかし、改正前の労働基準法では清算期間の上限が1カ月で、月を超える繁閑の差は吸収できないと指摘されていました。

これを受け、今回の改正では、**超過労働時間の清算期間が1カ月から最長3カ月へ変更**されました。また、各月で週平均50時間（完全週休2日制として時間外労働が1日あたり2時間相当、月45時間弱となる水準）を超えた場合は、使用者はその各月で割増賃金を支払う必要があります。これにより清算期間を1カ月超とした場合の、残業代の未払いを防止するようにしています。

政府はこの改正により、より柔軟な働き方を可能とするとしています。たとえば、6・7・8月の3カ月の中で労働時間を調整でき、子育て中の親は夏休み中の子どもと過ごしやすくなるとしています。これにより子育て世代の就労難や離職を防ぎ、人材不足の問題解決が期待されています。

厚生労働省の「平成30年就労条件総合調査」によれば、フレックスタイム制を導入している企業は5.6%にすぎませんが、これらの見直しによって再検討を行う企業も増えていくでしょう。

フレックスタイム制とは

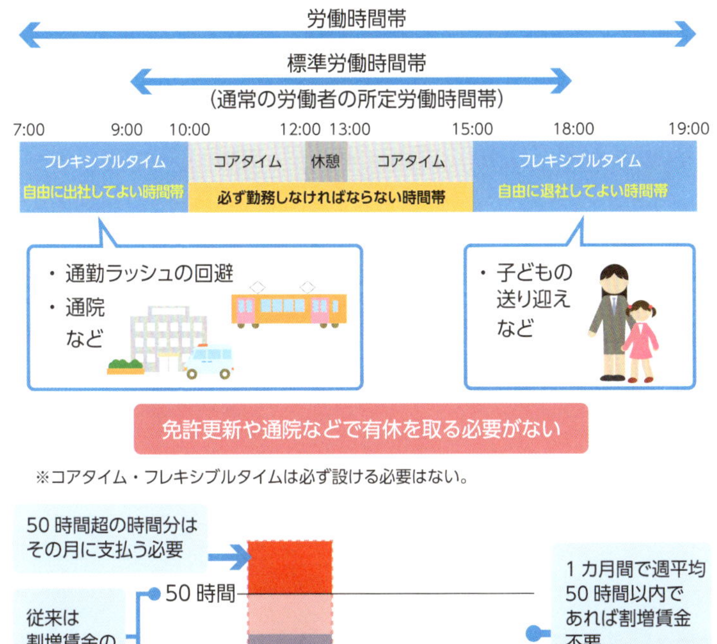

※コアタイム・フレキシブルタイムは必ず設ける必要はない。

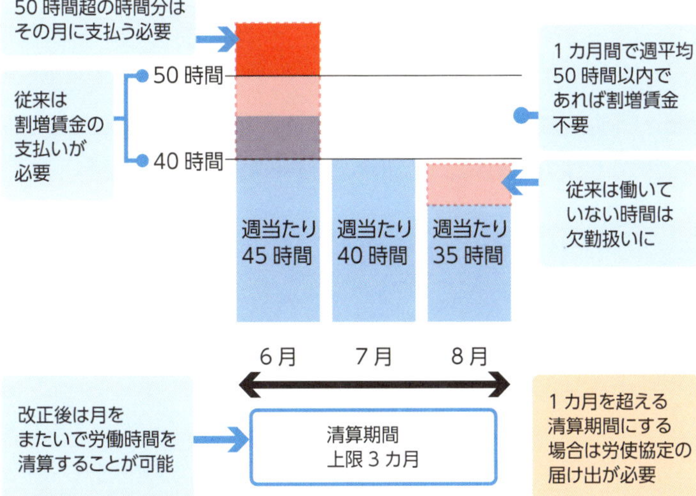

▲改正前は締結のみで足り、届け出は不要だったが、改正後は1カ月を超える清算期間を定める場合に労使協定の届出義務が課される。

019

企画業務型裁量労働制の対象業務を拡大する方向へ

働き方改革関連法では実現せず

裁量労働制とは、労働者に働き方や時間の配分などの裁量が与えられるかわりに、あらかじめ取り交わされている「**みなし労働時間**」に応じて賃金が支払われる制度で、「専門業務型」と「企画業務型」の2種類があります。労働者が創造的な能力を十分に発揮できるように、労働者に裁量を与えられる業務について新たな働き方のルールとして施行されました。

1988年に導入された**専門業務型**は、対象業務が厚生労働省令で決まっています。当初は5業務に過ぎませんでしたが、1997年に6、2002年に7、2003年に1と追加され、現在は**19業務**まで拡大されています。一方、2000年に導入された**企画業務型**は、2003年に導入要件が緩和されましたが、それでもなお要件が厳しく、平成30年調査でもわずか**0.8%**と、ほとんど企業に採用されていません。

企画業務型の対象業務は、次の4点すべてに該当する業務です。

①事業の運営に関する事項について

②企画・立案・調査・分析の業務

③大幅に労働者に裁量を委ねる必要がある

④遂行手段・時間配分の決定に使用者が具体的な指示をしない

働き方改革では、この**企画業務型の対象の拡大**が予定されていました。しかし「裁量労働制で長時間労働にはならない」とする根拠となる厚生労働省のデータに不備が見つかり、2018年6月成立の働き方改革関連法では見送られました。近い将来、労働基準法の改正案にこれらが再び盛り込まれる可能性はあります。

裁量労働制とは

裁量労働制には 2 種類ある

裁量労働制とは
実際の労働時間で給料を計算するのではなく、
あらかじめ決めてある時間は働いたものとみなして、給与を支払う制度

専門業務型

デザイナー・
プロデューサーなど

システムコンサルタント・
証券アナリストなど

弁護士・
一級建築士など

働く人の裁量次第で
仕事のやり方や
時間配分
が変化する業務

企画業務型

事業運営の企画や立案、調査や
分析までを行う業務。対象業務
が将来的に拡大される可能性が
ある（033 参照）

対象拡大は見送られた

資料の不備

裁量労働制の
見直し削除

▲厚生労働省によると、すべての企業規模において、企画業務型裁量労働制の導入率が
もっとも低いという結果が出ている。

020

労働時間規制の対象外! 高度プロフェッショナル制度の創設

単なる「残業代ゼロ法案」ではない

「**高度プロフェッショナル制度**」(高プロ) は、専門性が極めて高く、専ら成果で評価される業務の労働者について、**労働基準法が定める労働時間や休日、深夜の割増賃金に関する労働時間の規制のすべてを適用しないとする制度**です。対象となる労働者は、その専門性を生かして自律的に日々の働き方を決められるとされています。

対象になる業種として、政府は「高度の専門的知識等を必要とする」とともに「従事した時間と従事して得た成果との関連性が通常高くないと認められる」という性質を持つ業種とし、金融商品の開発業務、金融商品のディーリング業務、アナリスト業務(企業・市場等の高度な分析業務)、コンサルタント業務(事業・業務の企画運営に関する高度な考案または助言の業務)、研究開発業務等を想定しています。対象者の収入は厚生労働省令で定められますが、年収1,075万円以上とされています。

制度の導入には、職務の内容と制度適用について本人の同意と署名が必要なうえ、導入する企業の労使委員会で、対象業務・対象労働者・104日の休日付与や健康確保措置の義務等を決議しなければなりません。導入すれば対象となる労働者には法律上では労働時間の規制が適用されなくなり、使用者は残業代を払う必要がなくなります。ただし、労働政策審議会によれば「働き方の選択によって賃金が減ることないよう適正な処遇を確保する」制度であるとし、また導入にあたっては、**それまでの残業代を含めた各労働者の賃金を下回らないように労使で話し合う**ことが求められています。

高度プロフェッショナル制度のポイント

名目と対象職業

金融ディーリング業務
アナリスト業務
コンサルタント業務など

労働規制から自由になることで自律的な働き方ができるようになる！

※法律ではなく省令で決めているため、変更の可能性あり

職務の明確化が前提条件

企業から随時職務の指示があっては自律的な働き方ができないため

①職務範囲を定める
②使用者がその範囲外の仕事を追加してはならない
③労働者の裁量を阻害するような業務量を設定することもできない

年収は 1,075 万円以上

対象職務の年度年収が 1,075 万円を確実に超えるという見込み

省令は国会の審議なしで変更できるため、今後 1,075 万円より引き下げられる可能性もある

労働者の合意が必要

希望しない人には、適用しない

実際に働いてみて予想と違った場合のため、同意を撤回する手続きも定める必要がある

▲そのほか、対象労働者からの苦情の処理のため、事業所には労使委員会を設置して適切な対策を講じることとされている。

021

24時間働かせない、勤務間インターバル制度とは

日本での普及につながるか

勤務の終業時間と翌日の始業時間の間に一定時間労働しない時間を設ける「**勤務間インターバル制度**」の導入が、事業主の努力義務として労働時間等設定改善法に追加されました。たとえばインターバル時間を11時間と設定すると、9:00から17:00までの勤務で23:00まで残業した場合、その11時間後の翌日10:00までは始業の9:00を過ぎても出社させてはならなくなります。

平成30年就労条件総合調査によれば、現在日本で勤務間インターバルの確保を導入している企業はわずか1.8%とほとんど普及していませんが、EU諸国ではすでに導入されている制度です。EU労働時間指令により最低11時間と定められています。日本でもこれに従うと1日の残業は4時間までとなるため、**過労死ラインである月間80時間以上の時間外労働の抑止**につながると見込まれています。今回の働き方改革では、努力義務となっており強制力はありません。

そこで政府は、この勤務間インターバル制度の導入促進のため、**中小企業を対象に助成金制度**を設けています。中小企業は申請してから制度を導入すると、実施に要した経費の合計額の3/4が助成されます。2019年度は「9時間以上11時間未満」で80万円、「11時間以上」で100万円まで助成する方針で、政府は**2020年までに企業の10%の導入を目指して**います。休息時間を確保できることは、労働者の健康確保に加えモチベーションの向上につながり、使用者にとっては過労になる働き方をさせない会社として人材確保が可能です。積極的な取り組みが期待されます。

企業の勤務間インターバル制度導入を促進

EU主要国の勤務間インターバル制度

ドイツ	フランス	イギリス
労働者は、1日の労働時間の終了から次の日の開始までの間に連続した最低11時間以上の休息時間をとらなければならない。	勤務終了後は、少なくとも11時間、就労することができない。	労働者には、24時間当たり最低でも連続11時間の休息期間が与えられなければならない。

日本企業の勤務間インターバル制度の導入状況

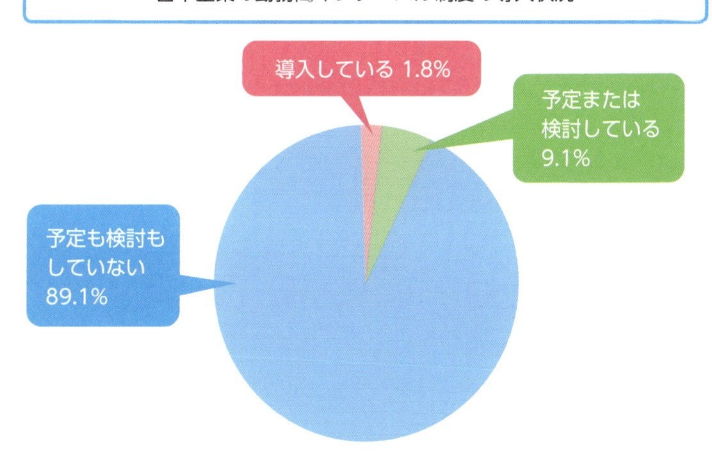

出典：「平成30年就労条件総合調査」（https://www.mhlw.go.jp/toukei/itiran/roudou/jikan/syurou/18/dl/gaikyou.pdf）

▲同調査によれば、導入しない理由については「超過勤務の機会が少なく、当該制度を導入する必要性を感じないため」が 45.9%（平成29年調査 38.0%）ともっとも多く、次いで、「当該制度を知らなかったため」が29.9%（同40.2%）となっている。

022

社員の健康管理に産業医・産業保健機能の強化

労働者の健康を守るために

長時間労働は心身の健康疾患や過労死を引き起こします。多様な働き方を認める一方で、労働者の健康確保のための施策が同時に求められます。そこで労働安全衛生法の改正により、**産業医の機能が強化**されるとともに、健康管理が必要な労働者に対し事業主が医師の面談指導を受けさせる規定が整備されました。

産業医は、**従業員50人以上の事業所**に選任が義務付けられており、1000人以上の事業所では専属産業医の選任が必要です。50人未満の事業所は産業医の選任の必要はありませんが、保健師などにより同様の健康管理をする努力義務があります。

今回の改正で、選任された産業医は、必要な医学知識に基づき誠実に職務を行わねばならないこと、**事業者に対し労働者の健康管理について必要な勧告ができる**ことが追加されました。そして事業者には、次のような義務が課されました。

・労働時間その他の必要な情報を産業医に提供すること
・産業医から受けた労働者の健康管理の勧告を尊重すること
・勧告を受けたら衛生委員会・安全衛生委員会に報告すること
・産業医の業務内容について労働者に周知すること
・労働者の心身情報は、健康確保に必要な範囲内で収集し、収集の目的の範囲内で保管・使用すること

事業者には、**労働時間が一定を超えた労働者に対して医師による面談指導を行う**義務があります。その対象に、新商品の研究開発の業務と、高度プロフェッショナル制度の対象者が明記されました。

労働安全衛生法の改正

産業医の役割

産業医とは、厚生労働大臣指定の研修を修了するなど、産業保健の専門知識を持つ医師

- 必要な医学知識に基づき誠実に職務を行う
- 事業者に対し労働者の健康管理について必要な勧告ができる

事業者の義務

- 労働時間その他の必要な情報を産業医に提供
- 産業医から受けた労働者の健康管理の勧告を尊重
- 勧告を受けたら衛生委員会・安全衛生委員会に報告
- 産業医の業務内容について労働者に周知
- 労働者の心身情報は、健康確保に必要な範囲内で収集し、収集の目的の範囲内で保管・使用

産業医の選任要件

50人〜999人
嘱託産業医でOK

※50人未満の小規模事業所は、保健師などにより同様の健康管理をする努力義務あり

1,000人以上※
専属産業医を選任

※もしくは一定以上の有害業務がある規模500人以上の企業

3,000人超
複数の専属産業医を選任

▲産業医の選任義務は従来と変わらず、事業所ごとに規模50人以上で嘱託産業医の選任が、規模1,000人以上（一定以上の有害業務では500人以上）で専属産業医の選任が、規模3,000人超で2人以上の選任が必要となる。

023

正規・非正規の雇用形態にかかわらない公正な待遇

非正規も安心して働けるしくみ作り

働き方改革第3の柱は、「正規・非正規の雇用形態にかかわらない公正な待遇の確保」です。正規雇用労働者とは雇用期間の定めのない正社員のことで、非正規雇用労働者とは有期雇用労働者・パートタイム労働者・派遣労働者という3つの雇用形態を含んでいます。総務省の労働力調査によると、2017年の**非正規雇用労働者の割合は37.2%で、全体の約4割**を占めています。

1990年代の半ばから派遣労働者の数は増え続けており、2016年以降は2,000万人を超えています。従来の終身雇用制度が崩れる一方で、非正規雇用者の待遇が十分に確保されていないことは「派遣切り」や「雇い止め」などで社会問題となってきました。そこで働き方改革では、正規・非正規による待遇格差をなくすことを大きな柱の1つとしています。

よく「**同一労働同一賃金**」といわれますが、正規・非正規の待遇差は、賃金だけではありません。業務に必要な教育訓練の機会、健康確保や円滑な業務のための福利厚生施設の利用の機会なども含まれます。ただし、同じ業務をしているだけで同じ待遇となるわけではないことに注意が必要です。雇用者の待遇は、業務の内容だけでなく責任の程度、職務内容の変更や配置の変更（異動や転勤）の範囲によって変わります。これらを考慮して、なお**「不合理と認められる」格差は認められない**というのが制度の趣旨です。これらがまったく同じなら均等に扱い、違いがあるなら均衡を保って扱うということで、「**均等・均衡待遇の確保**」と呼んでいます。

3つの法律を改正して非正規雇用者の待遇を改善

パートタイム労働法

・正式名称が「短時間労働者及び有期雇用労働者の雇用管理の改善等に関する法律」に

・パートタイムの定義が「一週間の所定労働時間が同一の事業主に雇用される通常の労働者の一週間の所定労働時間に比し短い労働者をいう」と変更

同制度内に！

パートタイム労働者

有期雇用労働者

パートタイム＋有期雇用労働法に

労働契約法

20条（改正前）が有期雇用労働者の不合理な待遇を禁止していた

①職務の内容（業務の内容＋責任の程度）
②「職務の内容」と「配置」の変更範囲
③その他の事情
を考慮し、「不合理と認められるものであってはならない」

正規労働者

有期雇用労働者

①〜③を考慮して判断

20条を削除→パートタイム労働法に統合

労働者派遣法

・派遣先の「比較対象労働者」と均等・均衡待遇の確保（または労使協定に基づく待遇の決定）
・正規労働者との違い含め待遇に関する説明義務の強化
・行政による履行確保措置と裁判外紛争解決手続（行政ADR）の整備

派遣労働者にも均等・均衡待遇と円滑な解決方法を適用

▲3つの法改正はいずれも、非正規雇用労働者の不公平感をなくして、ライフスタイルに応じてどちらを選んでもよい社会を目指している。

024

不合理な待遇差を解消!「同一労働同一賃金」

能力を適正に評価するために

「同一労働同一賃金」とは、同一企業・団体における正規雇用労働者と非正規雇用労働者の間の**不合理な待遇差の解消**を目指す施策です。厚生労働省は2016年3月から検討会を設置し、EU諸国の法制度の調査や労使団体へのヒアリングを行ってきました。

非正規雇用者のうち、パートタイム労働者については**パートタイム労働法**に、有期雇用労働者については**労働契約法**に定められてきました（派遣労働者については次節）。どちらにも不公正な待遇を禁止する規定はありましたが、労働契約法には罰則、行政による事業主への助言・指導や裁判外紛争解決手続（行政ADR、P.62参照）の規定がなく、有期雇用労働者には不利でした。そこで、パートタイム労働法の対象に有期雇用労働者を加える形で、法律名も「パート・有期雇用労働法（**短時間労働者及び有期雇用労働者の雇用管理の改善等に関する法律**）」として統合・改正されました。派遣労働者も含め、行政指導、行政ADRの制度は、すべての非正規雇用者に適用されるようになります。

同時に事業者の**待遇に関する説明義務が強化**されました。非正規労働者は「正社員との待遇差の内容や理由」の説明を求めることができるようになります。何が「不合理」となるかの詳細な解釈がなかった待遇差に関しては、改正法の施行（2020年3月）に合わせて**厚生労働省から新たなガイドラインが施行**されます。2016年に示された案では、賃金・教育訓練・福利厚生それぞれについて具体的に事例で解説されています。

同一労働同一賃金とは

均等待遇規定

①職務内容※

②職務内容・配置の変更の範囲

の2点が同じ場合、
差別的取扱いを禁止

正規　　非正規

同じ働き方であれば同じ待遇に!

均衡待遇規定

①職務内容※

②職務内容・配置の変更の範囲

③その他の事情

を考慮した上で、
不合理な待遇差を禁止

①②③に違いがあれば、それを考慮して両者の待遇を決定

違いに応じ均衡を保った待遇に

※業務の内容+責任の程度を意味する

**行政による事業主への助言・指導等や
裁判外紛争解決手続（行政 ADR）の規定の整備**

	パート	有期	派遣
行政による助言・指導等	○ → ○	× → ○	○ → ○
行政ADR	△ → ○	× → ○	× → ○

【改正前→改正後】○：規定あり △：部分的に規定あり（均衡待遇は対象外） ×：規定なし

▲均等・均衡待遇の確保と同時に、行政による助言・指導・勧告と行政ADRの制度をすべての非正規雇用労働者が利用できるようになった。

025

均等・均衡は派遣先を基準に労働者派遣法改正

派遣労働者のキャリアアップと公平性を両立する

同一労働同一賃金において大きく改正されたのが、派遣労働者について定める**労働者派遣法**です。派遣労働者の雇用主は派遣会社ですが、実際に働くのは派遣先の事業場なので、均等・均衡を確保する必要があるのは派遣先の労働者との関係においてです。

そのため、派遣先の会社は「**比較対象労働者**」の待遇に関する情報を、派遣会社に提供することが義務付けられました。比較対象労働者とは派遣先会社の正社員で、派遣労働者と**「職務の内容（業務の内容＋責任の程度）」と「職務内容・配置の変更の範囲」が同じ労働者**のことです。この情報の提供がないときは派遣会社は派遣契約を結べません。これをもとに派遣会社は「不合理でない」均等・均衡待遇を派遣労働者に対して確保する義務があります。

しかし、派遣先に比較対象労働者がいない専門性の高い業務もあります。また一般に賃金水準は大企業ほど高く、中小の派遣会社は同じ待遇を用意できないこともあります。加えて、派遣先ごとに待遇が変わると、派遣労働者の段階的なキャリアアップを阻害するおそれが懸念されました。そこで改正では**労使協定に基づく待遇の決定**も認めています。派遣会社と派遣労働者（労働組合か過半数の代表）で合意して協定で定める事項は6つあります。賃金に関しては「同種の業務に従事する一般の労働者の平均的な賃金の額（厚生労働省令で定める）と同等以上」とされています。

ほかに、紛争の解決について**派遣会社・派遣先の解決努力義務、行政の助言・指導・勧告、行政ADRの適用**が明記されました。

派遣先が選択を義務付けられる2つの待遇

派遣先の労働者との均等・均衡

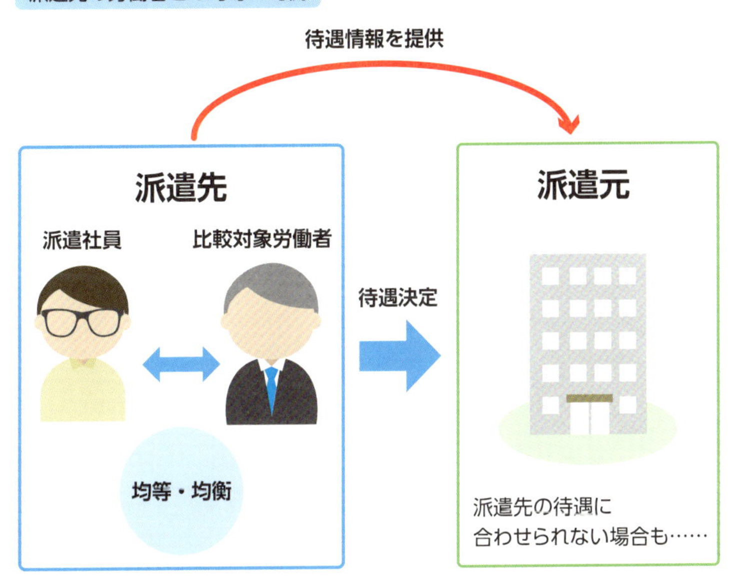

労使協定による一定水準を満たす待遇決定方式

派遣先によって給料が上下すると
キャリアプランが立てにくい

同種の業務の平均的な
賃金と同等以上で

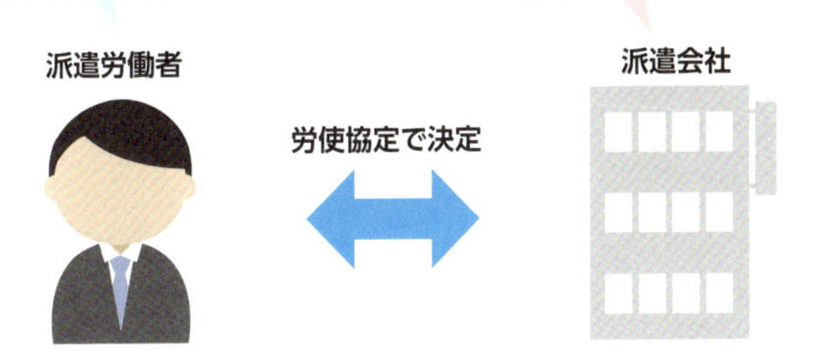

▲均等・均衡待遇規定の解釈の明確化のため、関係者の意見や国会審議を踏まえて、ガイドラインが策定されている。

026

非正規雇用者に対する待遇に関する説明義務強化

不利益な取り扱いを防ぐ

非正規雇用労働者の不合理な待遇差を禁止するように改正されたパート・有期雇用労働法と労働者派遣法ですが、待遇差の有無がわからないと是正ができません。そこで待遇差を知りたいという求めがあった場合は、**使用者は労働者に対して説明する義務が生じる**という規定がどちらにも加わりました。

パートタイム労働者と派遣労働者に対しては、改正前から賃金など雇用条件を説明する義務はありましたが、有期雇用労働者にはありませんでした。改正後は、すべての非正規雇用労働者に対して、使用者は雇い入れ時と（派遣労働者の場合）派遣時に待遇内容を明示する必要があります。そして雇用後も労働者の求めに応じて、**待遇決定に際して考慮した事項、正社員との待遇差の内容とその理由**を説明する義務があります。

正社員との待遇差は賃金差についてだけではなく、教育研修の機会や福利厚生施設の利用なども含まれます。その理由についても単に雇用形態の違いでは不十分で、役割や責任の相違といった客観的な理由を示す必要があります。さらに、使用者は非正規雇用労働者が**説明を求めたことを理由として、解雇、その他不利益な取り扱いをしてはならない**と定めています。

非正規雇用労働者は、待遇差がある場合はその理由を納得したうえで働くことができます。待遇において紛争となった場合にも、使用者しか知らない情報があると労働者が不利になりますが、説明義務の強化によってそれを防いでいます。

説明義務はどう変化したのか

有期雇用労働者にも説明義務

	パート	有期雇用	派遣
待遇内容※（雇い入れ時・派遣時）	○ → ○	× → ○	○ → ○
待遇決定に際しての考慮事項（求めがあった場合）	○ → ○	× → ○	○ → ○
待遇差の内容・理由（求めがあった場合）	× → ○	× → ○	× → ○

※賃金、福利厚生、教育訓練など

【改正前→改正後】○：説明義務の規定あり ×：説明義務の規定なし

説明義務にあたるもの

・賃金の決定方法
・教育訓練の実施
・福利厚生施設の利用
・正社員転換の措置を決定するにあたって考慮した事項について

新しく加わるもの
・同じ職務ないし類似の職務に従事している正規労働者の待遇
・非正規労働者の待遇の違いおよびその理由

紛争で労働者が不利にならないように

雇用者の説明が、裁判などで自分の主張をする際の前提となる

▲これらの改正によって、企業と非正規労働者の情報の非対称性を解消する狙いがある。労使間での誤解を防ぐには、書面などわかりやすい資料での提示が望ましい。

Column

裁判外紛争解決手続きがスムーズに

労使トラブルの解決法としては、民事訴訟が考えられます。しかし、労働者にとってみると、裁判で争うことは負担が大きいため、不合理な待遇差があったとしても、解決をあきらめてしまうことも多いでしょう。とくに非正規雇用者は正規雇用者に比べて弱い立場です。そこで、今回の法改正では、訴訟前の話し合いによる解決の制度である行政ADRが、すべての非正規雇用者に利用できるようになります。

ADRとはalternative dispute resolutionの略で、日本語では裁判外紛争解決手続きといわれます。当事者同士の間に公正な第三者が関与し、訴訟手続きによらずに民事上の紛争を解決するのです。裁判によらない労使トラブルの解決としては、ほかにも労働審判があります。これは職業裁判官である労働審判官と民間出身の労働審判員で構成される労働審判委員会が労使トラブルを解決する手段です。

同様の役目を行政機関で担うのが行政ADRで、都道府県の労働局などにある紛争調整委員会が主導して行います。個人は、行政ADRを無料で利用することができ、短い期間で問題解決を行うことが可能です。事業者は、その申請を行ったことを理由に労働者に対して不利益な扱いをすることはできません。同一労働同一賃金の推進のために、政府は非正規雇用者が広く行政ADRを利用できるようにしました。これによって非正規雇用者は、不合理な待遇格差を解消するための行動がとりやすくなります。事業主としては不合理な待遇差を是正する努力とともに、待遇差をつける場合は非正規雇用者が納得できる理由や制度を整備することが大切です。

Chapter 3

最大のポイント!　長時間労働の是正と多様な働き方の実現

027

罰則もあり 時間外労働の上限規制

使用者の配慮を前提とした改定へ

1日8時間・1週40時間の法定労働時間を超えて労働者に時間外労働（残業）をさせることがある場合は、労働基準法36条に基づいた「**36協定**（サブロク）」を労使で結び、労働基準監督署に「時間外・休日労働に関する協定届」を届け出る必要があります。

36協定で定める時間外労働の限度基準は、**1カ月に45時間、1年に360時間**とされています。ただし、納期が差し迫っている場合など、臨時に限度時間以上の労働が不可避である場合に限り、限度基準を超えて労働させることができる「**特別条項**」を設けることが可能です。そのため**実質的には、長時間労働を防ぐ役割を果たせていない**という批判にさらされてきました。

そこで今回の改定で、時間外労働の上限規制が明記されました。1カ月に45時間、1年に360時間という限度基準は変わりませんが、特別条項を設ける場合でも、時間外労働は**年720時間以内**とし、時間外労働＋休日労働は**月100時間未満**かつ**複数月平均で80時間以内**に設定しなければならないとされました。また、**月45時間を超えることができるのは、年間6カ月まで**と定められました（いずれも中小企業への適用は2020年4月）。違反した場合、6カ月以下の懲役または30万円以下の罰金に処せられることもあります。

ただし、これらの上限規制がすべての職種にいっせいに適用されるわけではありません。自動車運転や建設事業、医師の事業・業務については適用までに5年間の猶予を設けるほか、別途基準時間を設けることとなっています（031参照）。

労基法36条の改正で特別条項があっても上限規制

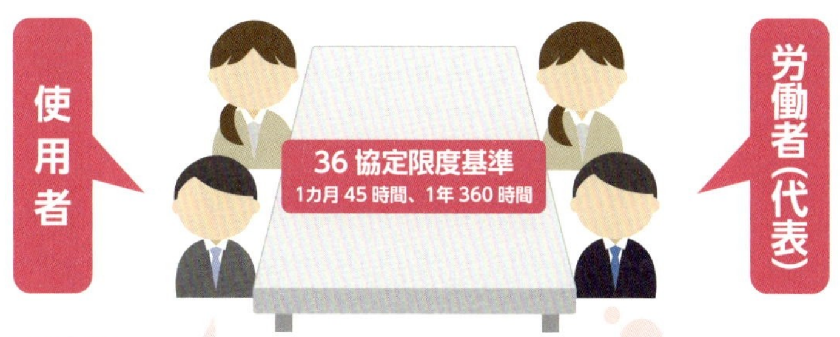

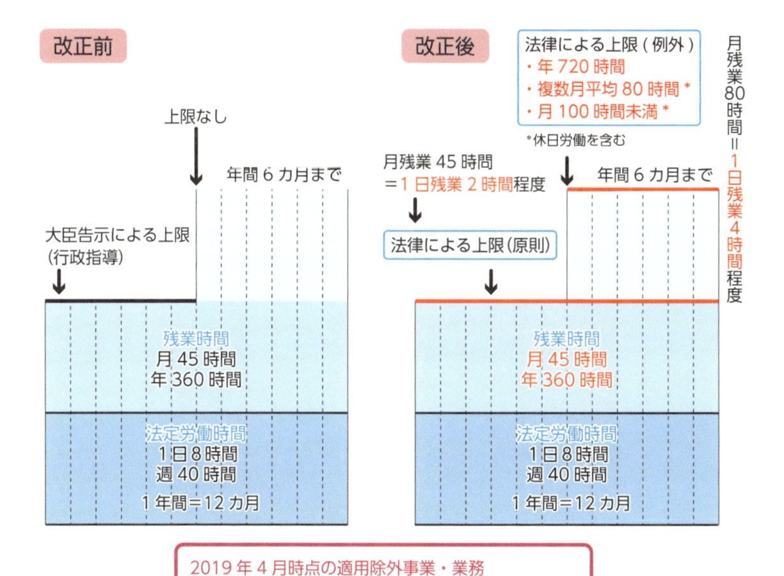

出典:「働き方改革〜一億総活躍社会の実現に向けて〜」(https://www.mhlw.go.jp/content/000335765.pdf)

▲改正にあたっては、使用者側から「業務を阻害する」との理由から反対意見も多かった。適用外の業務もあり、まだ発展途上の協定だ。

028

単月・複数月平均の上限は休日労働を含むことに注意!

「抜け穴」という批判も

027で確認したように、36協定の見直しによって「年720時間」という残業時間の上限が定められました。しかし、たとえ年720時間以内であっても、特別条項により特定の月に残業が集中することで健康を害するおそれがあります。そのため、働き方改革実現会議では、月ごとの限度も設けるべきであるという議論が起こりました。

この際、念頭に置かれたのは労災認定基準、いわゆる**過労死ラインをクリアする**ということです。問題とされたのは脳・心臓疾患の基準ですが、認定要件として「長期間の過重業務」という項目があり、その項目を基準に限度が検討されました。目安として、発症前1カ月間におおむね100時間または発症前2カ月間ないし6カ月間にわたって、1カ月あたりおおむね80時間を超える時間外労働が認められる場合は、業務と発症との関連性が強いと評価されています。

最終的に、「**2カ月ないし6カ月の平均で、いずれにおいても休日労働を含んで80時間以内、かつ単月で、休日労働を含んで100時間未満**」という限度が設けられました。

これらの限度は労災認定基準を踏まえて調整されたため、**休日労働を含んだ限度時間**となっています。しかし原則である「月45時間、年360時間、特別条項で年720時間」は**時間外労働の上限**で、休日労働の時間を含みません。これに休日労働を加えると「80時間×12カ月＝960時間」まで働かせることが可能になります。しかし長時間労働が常態化している中小企業などは、上限規制の成立背景を理解し、労働者を過労死ラインに近付けないよう配慮が必要です。

休日労働を含む実労働の上限

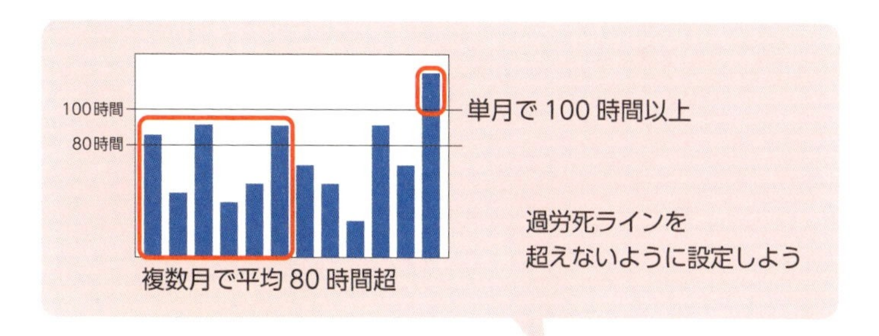

年720時間以内でも、
特定の月に過重な
業務が集中しては
健康被害を防げない

2カ月ないし6カ月の平均で
80時間以内に収まっており、
単月でも100時間に達している月はない

順守できている例

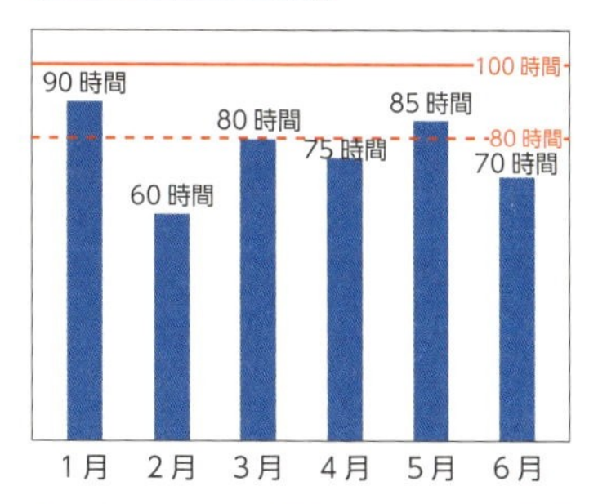

2カ月ないし6カ月の平均で
80時間以内に収まっておらず
（1～3月で平均時間が超過）
5月は単月で100時間に到達

順守できていない例

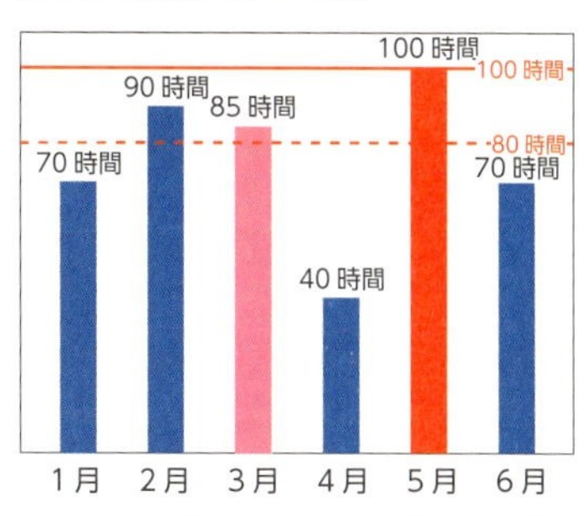

▲2カ月～6カ月の時間外労働とは、各期間（対象期間の初日から1カ月ごとに区分した期間）について、直前1カ月に、2カ月、3カ月、4カ月、5カ月の期間を加えたいずれかの期間を指す。

029

限度基準を超える「特別条項」設定の厳格化

形骸化を避けるために

「平成25年労働時間等総合実態調査」によれば、特別条項付き36協定を締結している事業所は全体の40.5%でした。このうち**特別条項で定める限度時間が80時間を超えている事業所が21.5%**あり、1年の限度時間が800時間を超えている事業所も15%と、まさに「青天井」ともいえる長時間労働が一部で蔓延している状況です。

時間外労働の上限規制に従来の36協定が適合していない場合は、改正法施行後に労使間で新たに結ぶ36協定は適法になるように改正する必要があります。改正後は36協定の届出様式が見直され、特別条項付き36協定の内容を労働基準監督署が把握できるよう、**時間外労働の特別条項にかかわる記入欄が新設されます**。そこには、限度時間を超えて労働させる労働者に対する健康確保措置も記入することになっています。具体的には「労働時間が一定時間を超えた労働者に医師による面接指導を実施すること」を始めとした10の健康確保措置の中から1つを選び、その内容を記載します。

36協定で定めるべき必要事項は従来「時間外労働の限度に関する基準」で告知されていましたが、厚生労働省令として具体的に定められます。さらに省令で、健康確保措置の実施状況の記録を3年間保存させることを義務付け、**労働者を長時間労働による健康被害から守るため行政による監督指導を強化**する方針です。

なお、上記調査では36協定を結んでいない企業は44.8%で、大企業の6%に対し中小企業では56.6%が未締結です。時間外労働をさせる前提である36協定の適正な締結の促進が望まれます。

厳格化の背景

36 協定の特別条項で 1 カ月の特別延長時間を定める事業所の限度時間ごとの割合

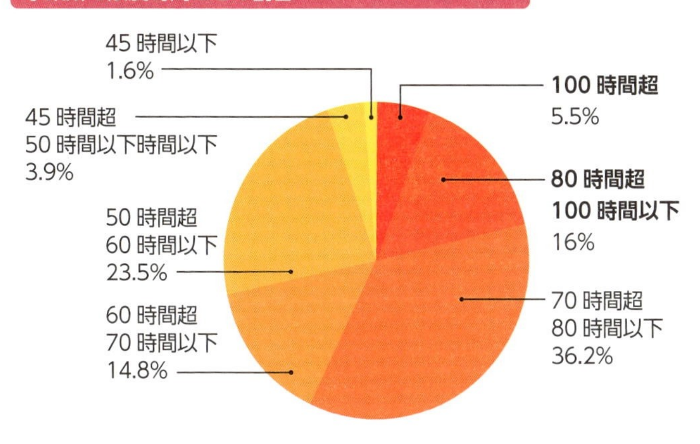

出典：「平成25年労働時間等総合実態調査」（https://www.mhlw.go.jp/file/05-Shingikai-11201000-Roudoukijunkyoku-Soumuka/0000136357.pdf）

36 協定の届け出の様式も見直し

・特別条項の有無で様式が変更

・時間外労働をさせる必要のある具体的事由についてや業務の種類、労働者数、延長する時間、手続きの方法などを記入する

・限度時間を超えて労働させる労働者に対する健康及び福祉を確保するための措置を具体的に記入する

・健康確保措置の実施状況の記録を３年間保存させることを義務付け、監督指導も強化

▲厳しい折衝の末、年720時間（休日労働含めて年960時間）という上限規制が決定した。

030

管理職も含めた全員の勤務時間の把握が必要に

健康管理のためにすべての労働者の時間を管理する必要

長時間労働の抑制の前提となるのが、**労働時間の適正な把握**です。労働者の健康被害を防ぐためには、働き過ぎかどうか、客観的な労働時間による判断が欠かせません。

労働基準法108条では、使用者は賃金台帳を作成し、賃金支払いの都度遅滞なく記入する義務があります。記入事項は厚生労働省令で規定されており、そこには「**労働日数**」「**労働時間数**」に加え「**時間外労働時間数**」「**休日労働時間数**」「**深夜労働時間数**」が規定されています（管理監督者については労働日数のみ）。

労働時間の把握方法については、厚生労働省が2001年4月6日に出した「労働時間の適正な把握のために使用者が講ずべき措置に関する基準」（通称「**ヨンロク通達**」）で、「**使用者が自ら確認する**」か「**タイムカード、ICカードでの記録**」が原則とされました。2017年には「**労働時間の適正な把握のために使用者が講ずべき措置に関するガイドライン**」に更新され、「労働時間の考え方」や「実態調査で労働時間を補正すること」などが盛り込まれました。しかし、管理監督者・みなし労働時間制の労働者はずっと対象外でした。

働き方改革では、裁量労働制や高度プロフェッショナル制度など時間制でない働き方が推奨されています。また、名ばかり管理職の長時間労働も問題になっています。そこで、労働安全衛生法の改正によって「長時間労働者への医師の面接指導」を行うために、従来はガイドラインの適用対象外とされていた**管理監督者を含むすべての労働者を対象に、労働時間を把握することが義務付け**られます。

労働時間の記録と管理は義務付けられている

勤務事業所の労働時間の把握方法

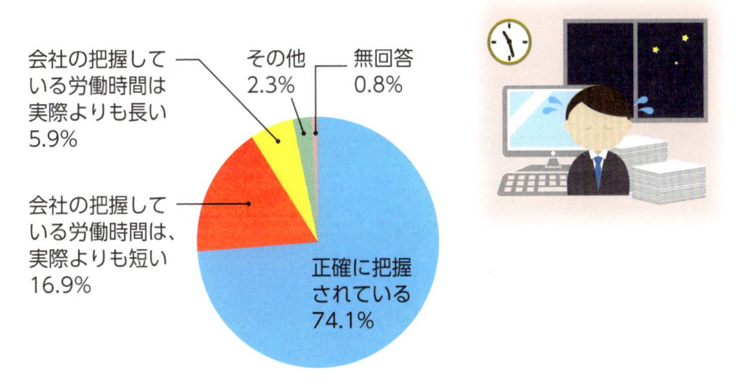

出典：「平成28年度 労働時間管理に関する実態調査」（http://www.sangyo-rodo.metro.tokyo.jp/toukei/koyou/jiccho28_3shain.pdf）

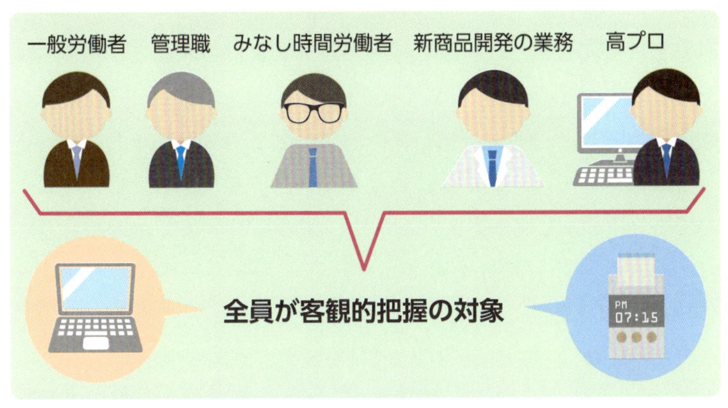

▲自己申告が多い状況下では、労働者が実際の労働時間よりも少なく申告せざるを得ないようなケースもあり、長時間労働の温床と考えられてきた。

031

時間外労働の上限規制が適用されない業種とは

今後、調整は進められていく

時間外労働抑制に向けた法的上限の枠組みは固まりましたが、**自動車運転業務**、**建設の事業**、**研究開発の業務**、そして**医師**は、現時点では限度基準規定の適用猶予または除外となっています。自動車運転業務と建設業は、労働集約型という特性のためすぐに対応するのが困難とされてきました。そこで、自動車運転業務については、5年間適用を猶予し、改正法施行の5年後には第一段階として**年960時間（月平均80時間）以内**とする限度を設ける方針が国土交通省から発表されています。建設業も5年間の適用猶予ののち、大災害の復旧といった例外的な事態を除いて**一般則を適用する**ことが同省から発表されています。

新技術など研究開発の業務については、専門技術を持つ労働者が従事するという特殊性が考慮され、**引き続き適用除外**とされますが、対象職種を明確化し現行から拡大しない方針です。また、休日労働を含む時間外労働が月100時間を超えた場合、医師による面接指導や代替休暇などの健康確保措置を課すこととされています。

医師については、改正前は限度基準告示の適用除外ではありませんでしたが、「医師の働き方改革に関する検討会」で医師法に基づく応召義務等の特殊性を踏まえた対応が必要であることが指摘され、ただちに法定上限を設けるのは難しいという意見が出ました。そのため、**改正法の施行日の5年後をめどに規制を適用**することとし、2年後をめどに規制の具体的なあり方、労働時間の短縮策等について検討し、結論を得ることとされています。

時間外労働の上限規制が適用されない業種の今後

業務	変更後	留保事項
自動車運転業務	・2024年4月1日以降は年960時間の上限規制が適用。休日含む月100時間未満・月平均80時間以内の規定は適用しない	・特別条項を定めることは可能
建設業務	・2024年4月1日以降は他の業務と同じ上限規制が適用	・災害復興など特別な事情においては例外も
研究開発業務	・適用除外は変わらない	・研究開発業務の範囲拡大はなされない
医師	・2024年4月をめどに適用。検討では休日含み年960時間・月100時間未満に。地域医療提供のため対象医療機関を限定した特例（年1900～2000時間）も	・法的上限規制とは別に、医師の長時間労働に対して方策を講じる取り組みが検討中

▲医師については、時間外労働時間規制を導入した場合の地域医療への影響も考慮された。

032

残業代は出ない？裁量労働制とは

所定時間を働いたとみなす「みなし時間労働制」

改革の柱の1つである時間外労働の上限規制ですが、労働時間と賃金が直接関係しない働き方があります。その1つが新設された高度プロフェッショナル制度ですが、ほかにも以前から**みなし時間労働制**があります。両者はどのように違うのでしょうか。

みなし時間労働制というのは、労働時間の算定について実際の労働時間にかかわらず、労使で**あらかじめ定めた時間を働いたものとみなす制度**です。外回りの営業のように1日のほとんどを社外で働く人や、業務遂行の手段を大幅に労働者の裁量に委ねる必要がある専門性・創造性の高い業務に適用されます。このうち、後者についてを「**裁量労働制**」と呼んでいます。

みなし労働時間制では所定の労働時間を定め、実際の勤務時間がそれ未満でも以上でも、契約した賃金が支払われます。ただし、所定の労働時間が**法定労働時間を超えている場合は、36協定の締結や超過時間分の割増賃金の支払いが必要**となります。この点は、高度プロフェッショナル制度とは異なります。

裁量労働制には「**専門業務型裁量労働制**」と「**企画業務型裁量労働制**」の2種類があります。専門業務型は、指揮命令下での業務遂行が困難とされる、高度な専門性を要する業務に導入が可能です。採用が可能な業務は厚生労働省令と告示で指定されており、19の業務に限られています。企画業務型は、事業運営上の中枢部門において企画、立案、調査及び分析を行う労働者を対象としています。経営戦略や事業企画といった部門の業務などがこれにあたります。

裁量労働制の2つのタイプ

専門業務型の対象業務

①新商品・新技術の研究開発、人文科学・自然科学の研究業務	②情報処理システムの分析または設計の業務（システムエンジニア）	③新聞・出版事業、放送番組の制作のための取材・編集の業務（記者・編集者）	④衣服、室内装飾、工業製品、広告等の新たなデザインの考案の業務（デザイナー）
⑤放送番組、映画等の制作の事業におけるプロデューサーまたはディレクターの業務	⑥コピーライターの業務	⑦システムコンサルタントの業務	⑧インテリアコーディネーターの業務
⑨ゲーム用ソフトウェアの創作の業務	⑩証券アナリストの業務	⑪金融工学等の知識を用いて行う金融商品の開発の業務	⑫大学の研究教授業務（主として研究に従事するものに限る）
⑬公認会計士の業務	⑭弁護士の業務	⑮建築士（一級建築士・二級建築士・木造建築士）の業務	⑯不動産鑑定士の業務
⑰弁理士の業務	⑱税理士の業務	⑲中小企業診断士の業務	

企画業務型の対象業務（4点にすべて該当する）

①事業の運営に関する事項について
②企画・立案・調査・分析の業務
③大幅に労働者に裁量を委ねる必要がある
④遂行手段・時間配分の決定に使用者が具体的な指示をしない

▲業務の裁量について使用者から指示が出るなど、不適切な運用がされているケースも多数報告されており、適正化について議論がなされている。

033
対象業務拡大は延期に
企画業務型裁量労働制の問題

調査結果の不備により取り下げへ

　働き方改革実行計画においては「創造性の高い仕事で自律的に働く個人が、意欲と能力を最大限に発揮し、自己実現を支援する労働法制が必要である」とされ、それを受けて労働時間によらない働き方について制度設計の検討が行われていました。その中の1つが、**企画型裁量労働制の対象業務拡大**です。新たに追加が予定されていた対象業務は「**課題解決型提案営業**」と「**裁量的にPDCA（企画・立案・調査・分析）を回す業務**」です。前者は、**法人顧客の事業について**企画や立案、調査や分析を行い、その結果から商品やサービス販売およびソリューションを行う**営業業務**とされ、後者は、事業の運営についてくり返し、企画・立案・調査・分析を行い、その結果を活用して事業の**管理・実施状況の評価を行う業務**と定義されていました。具体的な対象業務については指針で示される予定でした。同時に企画業務型裁量労働制の対象者の健康を確保するための措置を充実させ、手続の簡素化も行われる予定でした。適用労働者代表委員からは長時間労働を助長するという反対意見が出されていましたが、厚生労働省は法案の提出準備を進めていました。

　しかし、対象拡大の論拠として**厚生労働省が作成した裁量労働制に関連する資料に誤りがあったことが判明**し、裁量労働制の見直しは改正案から削除されることになりました。

　とはいえ、裁量労働制が適用できる業務の拡大には、労働生産性の向上を目指す経済界から強い希望があります。将来的には実現される可能性が高いといえるでしょう。

対象拡大が考えられていた2つの業務

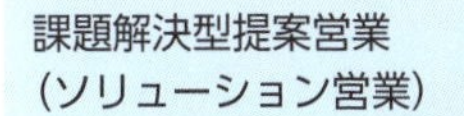

課題解決型提案営業
（ソリューション営業）

法人顧客の事業について企画や立案、調査や分析を行い、その結果から商品やサービス販売およびソリューションを行う営業業務

裁量的にPDCA（企画・立案・調査・分析）を回す業務

事業の運営についてくり返し、企画・立案・調査・分析を行い、その結果を活用して事業の管理・実施状況の評価を行う業務

▲これらの2類型はいずれも「企画・立案・調査・分析」の業務がベースになっている。また、使用者の労働基準監督署への報告義務についても、制度導入後6カ月目のみとするよう簡素化する案も検討されていた。

拡大は見送りへ

・調査方法が不適切
・データに不備

「捏造」という追及も

総理の指示で見直しを削除

▲企業の採用率が0.8％（平成30年就労条件総合調査）と低い企画業務型裁量労働制の普及を目的としていたが、論拠となった厚生労働省の資料の誤りにより見送りとなった。

034

企業名公表制度拡大で企業のリスクが増大

企業名公表の拡大で過労死防止を

働き方改革実現会議の議論が進んでいる2016年12月26日に、厚生労働省は「過労死等ゼロ」緊急対策を発表しました。この中の「違法な長時間労働を許さない取組の強化」という項目で、**複数の事業場を持つ大企業を対象とした企業名公表制度が拡大**されました。①違法な長時間労働（80時間超（従来は100時間超）、10人以上または4分の1以上、労働基準法32・35・37条違反）、②過労死・過労自殺での労災支給決定という要件が、**1年間に2事業場**（従来は3事業場）認められた場合は、企業名公表の対象となりました。

該当する企業の経営トップは本社管轄の労働局に出向き、局長より早期に法違反の是正に向けた全社的な取り組みを実施するよう指導書が交付されます。その後、全社的な立ち入り調査が実施されて違反の実態が認められると、書類送検と同時に**企業名と違反の実態、早期是正に向けた取り組み方針などが公表**されます。また、①の条件で月100時間超、②の条件で過労死・過労自殺のみでも労働基準法違反ありの場合は、呼び出し指導と立ち入り調査を飛ばして企業名が公開されます。

対策が決まった翌月には都道府県労働局長に向けて通達が出され、指導実施と企業名公表に取り組むよう促されました。**厚生労働省のホームページでの公表も決まり、2017年5月から企業名が掲載されて更新**されています（2018年11月で約450社）。これは「ブラック企業リスト」とも呼ばれており、行政の取り組みの強化で、企業の長時間労働の是正への対応は待ったなしとなっています。

「過労死等ゼロ」緊急対策で企業名公表も

是正指導段階での企業名公表制度の強化

① 違法な長時間労働
（月 80 時間超、10 人 or1/4、
労基法 32・35・37 条違反）

② 過労死等・過労自殺等で労災支給決定
（被災者について月 80 時間超、
労基法 32・35・37 条違反
かつ労働時間に関する指導）

③ 事案の態様が①、②と同程度に
重大・悪質と認められるもの

A：①のうち、月100時間超のもの
B：②のうち、過労死・過労自殺（のみ）、かつ、労基法32・35・37条違反ありのもの

①～③のうちいずれかが
1 年間に 2 事業場

監督署長による企業幹部の呼出指導
【指導内容】
・長時間労働削減、健康管理、パワハラ防止対策

全社的立入調査
本社及び支社等※に対し立入調査を実施し、改善状況を確認
※主要な支社店等。調査対象数は、企業規模及び事案の悪質性等を勘案して決定

①または②（違反あり）の実態

1年間にBが2事業場、またはA＋Bで2事業場

労働局長による
指導・企業名公表
書類送検（送検時公表）

出典：「過労死等ゼロ」緊急対策
（https://www.mhlw.go.jp/kinkyu/dl/151106-03.pdf）

▲公表は、対象とする企業に対する制裁として行うものではない。その事実を広く社会に提供することで、他企業の遵法意識を啓発し、あくまで公益性を確保することを目的としている。

035

過労死を加速させる？高度プロフェッショナル制度の問題

高プロの適用は希望制かつ撤回可能

高プロ制度では、「休憩」「残業」「休日出勤」「深夜労働」といった概念なしに働くことになる点から、長時間労働による健康被害が懸念されています。そこで、改正労働基準法では高プロの労働者の健康確保のために「**健康管理時間**」という尺度を新たに設定しています。これは労働者が事業所内にいた時間と事業所外で労働した時間の合計時間のことで、労使の決議で把握する措置を定めて**使用者が時間を把握する義務**があります。

高プロの対象となる年収は、条文では「基準年間平均給与額の三倍の額を相当程度上回る水準として**厚生労働省令で定める額以上**」と規定されています。施行時の水準は1,075万円以上とされていますが、あくまで目安です。省令で決定されるため、国会の議論を経ずに範囲が拡大される点が問題視されています。将来、省令で定まる基準年間平均給与額が引き下げられたら、**低賃金で労働時間規制なく働かせられる**ことになり、働き方改革の目指す「ワークライフバランス」とは程遠い制度になることが危惧されます。

020で説明したように、高プロ制度を導入するためには、該当労働者の「職務記述書」等による同意と労使委員会での決議が必要とされています。**本人が希望する場合、かつ労使委員会で5分の4以上の賛成が得られないと高プロの対象になりません**。また、いざ高プロという制度のもとで働いてみて**不満があれば適用を撤回する手続きも定める必要があります**。適用のハードルは高く、実際にどの程度の労働者が利用することになるのかは不透明です。

高プロの問題

・「労働時間規制」から外れるのは使用者であって労働者ではない
→定額給で徹夜して働かせるなども可能

・年収要件は省令で変更可能
→1,075 万円を下回る可能性も

・「健康確保措置」の規定が弱い
→4 つの措置（次項参照）のうち 1 つを実施するだけ

・賛成企業は 3 割未満
→共同通信社のアンケートによれば、高プロ賛成は 28%

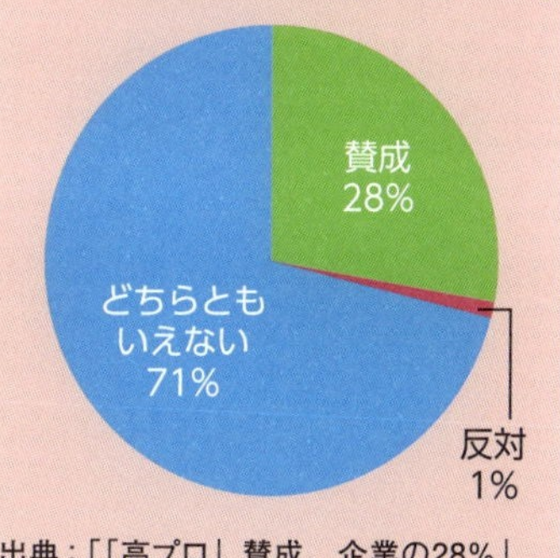

出典：「「高プロ」賛成、企業の28%」（https://this.kiji.is/355299548769633377）

▲導入にあたっては、それまでの残業代を含めた各労働者の賃金を下回ることのないように労使で取り決めておくことが求められる。

036

高プロ導入で必要な健康確保措置

一定以上の年間休日付与と、4つから選択の健康確保措置

高プロ制度では「**年間104日以上、かつ、4週4日以上の休日**」の付与が義務付けられています。年104日は週休2日の割合とはいえ、お盆も正月も祝祭日もありませんので、決して多いとはいえません。また、4週間の最初に**4日休めば、残り24日間は休みなしも可能**なので、問題点として指摘されています。

高プロを導入する場合は、使用者が健康管理時間を把握して**健康確保措置**を講ずる義務があり、次の**4つから選択**します。

①勤務間インターバルの設定、かつ1カ月の深夜労働の回数制限
②1カ月または3カ月の健康管理時間が一定（厚生労働省令）以内
③1年に1回以上の継続した2週間の休日を付与する
④週40時間超の健康管理時間が月80時間超で健康診断を実施する

③の休日は年104日の休日に含まれます。使用者にとっては④が一般的に採用しやすいはずで、実際に健康が確保されるのかは疑問視されています。なお、以上の**措置が実行されていない場合は、労働時間規制の適用除外とならない**とされています。

これ以外にも、健康管理時間の状況に応じて有給休暇の付与や医師の健康診断の実施などの措置を決議で定めることができます。使用者は、労使委員会で決議して届け出たこれらの**健康確保措置の実施状況を、行政官庁に報告**しなければなりません。

労働安全衛生法で定める医師の面談は、高プロでは健康管理時間が厚生労働省令で定める一定時間（100時間）を超えた場合に義務付けられており、一般労働者と異なり罰則付きです。

高プロの健康確保措置

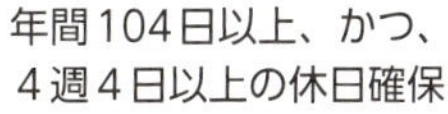

＋

①～④のうち1つを講じる

①勤務間インターバルの設定、かつ1カ月の深夜労働の回数制限

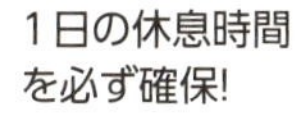

②1カ月または3カ月の健康管理時間が一定（厚生労働省令）以内

起動時間で
実際の労働
時間をチェック

③1年に1回以上の継続した2週間の休日を付与する

④週40時間超の健康管理時間が月80時間超で健康診断を実施する

▲決議ではそのほか、対象労働者の同意の撤回の手続き、対象労働者からの苦情の処理に関する措置も定めておく必要がある。

037

勤務間インターバル導入の努力義務

効果は認められているがまだ認知度は低い

勤務間インターバル制度は、週や月ではなく1日単位で生活時間や睡眠時間を確保できるので、**過労死を防ぐ効果が大きく期待されます**。日本ではまだ認知度が低いため、義務化するには企業側の受け入れ態勢が整っておらず、まずは各事業所で労働者の勤務間インターバルを把握し、その上で導入事例を徐々に増やしていくことが望まれます。そこで企業の自主的な導入を促すために、**事業主の努力義務**として規定されました。

調査では導入を予定も検討もしていないという企業が9割を占めていますが､その理由に「制度を知らなかった」がまだ3割あります。厚生労働省は021で紹介した中小企業向けの助成金制度（時間外労働改善助成金）の拡充で企業導入率の向上を目指しています。2018年7月に閣議決定された「過労死等の防止のための対策に関する大綱」では、2020年までに制度を知らなかった企業を20％未満に、**導入企業を10%以上にするという数値目標**を掲げています。

現段階で導入している企業は､サッポロビール､ニトリホールディングス、KDDI、TBCグループなどの小売業、サービス業のほか、聖隷三方原病院のような医療現場もあります。たとえばニトリホールディングスは、インターバル時間を10時間、対象範囲はパートタイム従業員を含む全非管理職として、全従業員が閲覧可能な就業規則の補足資料（勤怠マニュアル）に明記しています。勤務シフトを登録する際、インターバル時間が10時間未満の場合に警告が出るシステムを新たに導入するなどし、効果を上げています。

勤務間インターバルの導入状況と今後の導入意向

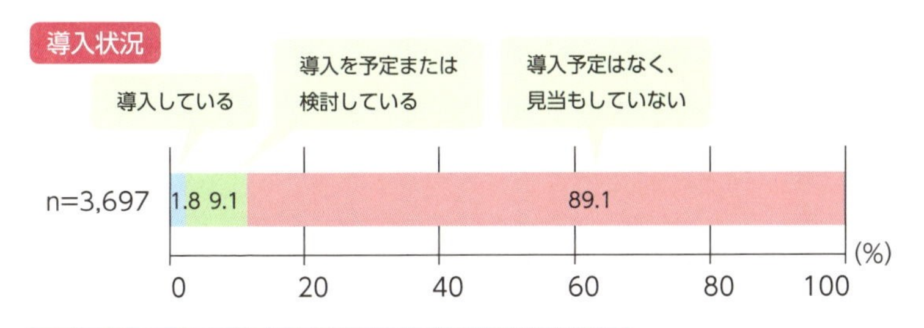

導入予定はなく、検討もしていない理由（回答複数）

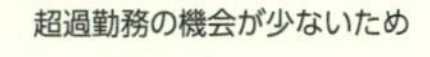

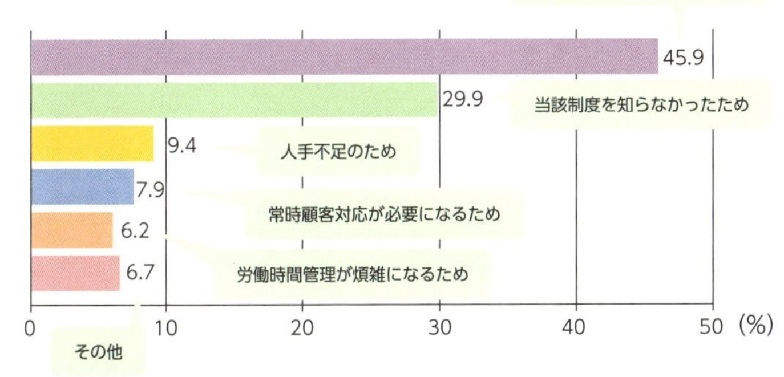

出典：「平成30年就労条件総合調査」（https://www.mhlw.go.jp/toukei/itiran/roudou/jikan/syurou/18/dl/gaikyou.pdf）

取り組みの一例

インターバルが確保できるようにしよう

PM 10:30

上司に報告

▲2017年5月から5回にわたって行われた「勤務間インターバル制度普及促進のための有識者検討会」では同制度の実態把握などが議論されている。

Column

予測できない災害が起こった場合の例外規定

地震や台風などの自然災害は、予測できない突発的事象です。近年は大きな被害をもたらす地震が各地で発生しており、また台風だけでなく気象変動による水害などが増加しています。

こういった災害時は、業務の回復や復旧に向け、労働時間の大幅な延長が考えられます。しかし、復旧のための労働によって、労働基準法の限度時間、または36協定の特別条項で定める上限時間を超えてしまいそうな場合、使用者はどうすべきなのでしょうか。

その答えは、労働基準法33条にあります。「災害その他避けることのできない事由によって、臨時の必要がある場合においては、使用者は、行政官庁の許可を受けて、その必要の限度において第三十二条から前条まで若しくは第四十条の労働時間を延長し、又は第三十五条の休日に労働させることができる」と規定されています。これに基づき、予測できない災害の場合は、法定の限度時間または36協定で定める上限時間を超えた労働が認められているのです。

しかし、労働基準法が制定された時代と比べ、「災害その他避けることのできない事由」の解釈は、天変地異や設備・機械の故障だけでは難しくなりました。働き方改革実行計画では「サーバーへの攻撃によるシステムダウンへの対応や大規模なリコールへの対応なども含まれていることを解釈上、明確化する」としています。情報化が進み、企業の業務のみならず社会全体が情報技術なしでは成り立たなくなっています。また、製品の安全性についての企業責任も高まっています。時代に合わせて、例外的な事由の範囲を明確化したといえるでしょう。

Chapter 4

しくみが変わる!　事業主と労務担当のやるべきこと

038

労働時間の正しい把握のしくみ作りが不可欠

「法定休日」の概念と、管理職の労働時間記録保存義務

いわゆる残業には「時間外労働」と「休日労働」の2種類があり、**月45時間・年360時間の限度時間に含まれるのは「時間外労働」のみ**です。たとえば所定労働時間が1日8時間、週休2日制で日曜日が法定休日の会社で考えます。月曜から金曜までに毎日2時間残業し、さらに法定休日ではない土曜日に8時間働けば、時間外労働が18時間になります。これが土曜日でなく法定休日である日曜日に8時間働いた場合、時間外労働は10時間、休日労働が8時間となります。限度時間の月45時間まで、前者はあと27時間、後者は35時間と異なります。

これとは別に、36協定の特別条項で延長可能にしても、休日労働込みで単月100時間未満、2～6カ月平均80時間以内の制限がかかります。2種類の上限規制の違いを理解していないと**思わぬ法違反につながる**おそれがあるため、どちらも順守できるよう休日労働時間を分けて管理し、把握するようにしましょう。

管理職は上述の労働時間規制は適用されません。そのため使用者は労働時間を把握する必要はありませんでした。しかし、労働者の肩代わりをして管理職が長時間労働となるおそれもあり、健康確保を考えた医師の面談指導の実施のため、労働時間規制を受けない人の労働時間を把握することが義務づけられました。その方法は厚生労働省令で定め、タイムカードやコンピュータによる客観的な記録とされ、3年間記録を保存する必要があります。

使用者は労働者全員の労働時間を正確に把握し、誰かに負荷をかけるのでなく、総量を減らすことが求められています。

労働時間の正確な管理が法令順守につながる

特別条項下の残業時間を順守できている例

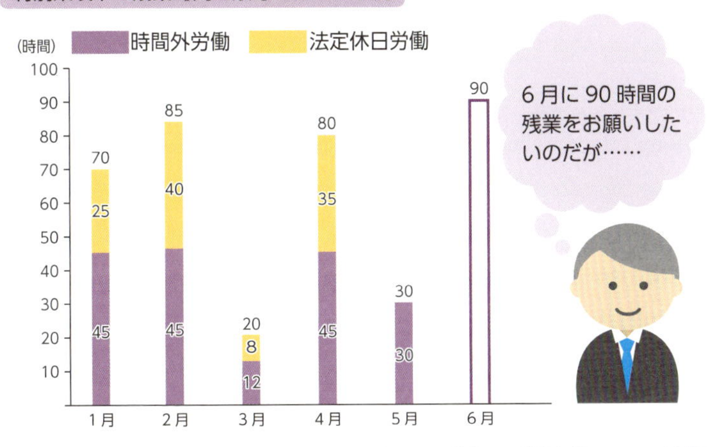

▲それぞれ、法定上限45時間以内の時間外労働、かつ単月100時間未満、2～5カ月平均して時間外労働+法定休日の平均が80時間以内に収まっているので、健康に配慮したうえで6月に90時間の残業は可能。

特別条項下の残業時間を順守できていない例

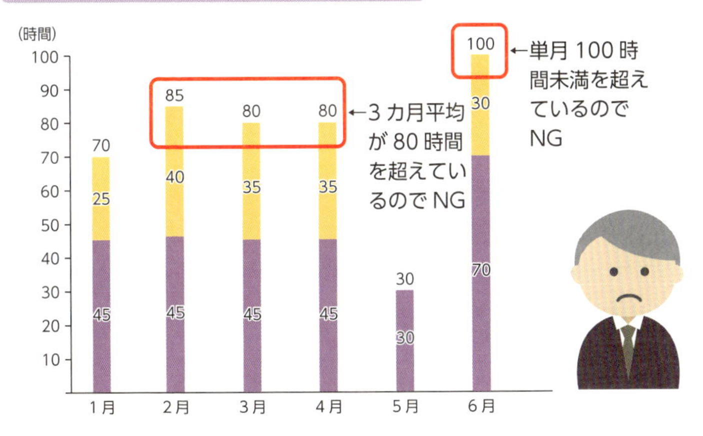

▲上の例では、2月から4月までの3カ月平均が80時間を超えてしまっている。かつ、6月も単月100時間未満の上限を超えた残業時間となっているので、いずれも労働基準法違反となる。

039

そもそも「労働時間」とは?

定義はあるが、判断はケースバイケース

労働時間を把握するといっても、何が労働時間に当たるかは従来から議論になってきました。2017年1月20日に策定された「労働時間の適正な把握のために使用者が講ずべき措置に関するガイドライン」（以下、新ガイドライン）では、労働時間の考え方が示されました。それによると「**使用者の指揮命令下に置かれている時間**」で、「**使用者の明示または黙示での指示**」がある業務と定義されました。就業規則などに関わらず客観的な事実に基づいて判断されます。具体的に次の3つのような例は労働時間とされました。

・制服への着替え、業務後の清掃など準備・後始末の時間
・使用者の指示を待っていて離れられない「手待ち時間」
・受講義務のある研修・教育訓練、学習の時間

労働時間を巡っては、過去にさまざまな判例がありますが、**労働時間に含まれるか否かはケースごとに判断**されています。事業所にいる間は原則として労働時間とみなされますが、ホワイトカラーの場合は事業所内にいるからといって必ずしも労働しているわけではなく、逆にリモートで仕事をしている場合もあります。長時間労働の是正には労働者の意識を変えるしくみも必要で、無断残業や私的なパソコン利用を禁止するなど、就業規則の整備も有効です。

出退勤はタイムカードやICカードで記録できますが、今後は労働時間規制がない人を含めて、使用者が労働時間の管理を適正に行う必要があり、パソコンや業務アプリの起動時間など、**ITを活用してより客観的な記録を把握する取り組み**も大切です。

「労働時間」の定義

どちらも「労働時間」に含まれる

「労働時間」に含まれるもの

▲労働時間の定義を巡っては準備・後始末を所定労働時間外に行うよう指示されていたとして労働者側が提訴した事例もある。

4 しくみが変わる！ 事業主と労務担当のやるべきこと

040

不適正な申告を防ぎ労働時間を正しく把握

自己申告では適正な報告を確保する

新ガイドラインでは、ヨンロク通達を引き継ぎ、労働時間の適正な把握のために使用者が講ずべき措置を具体的に示しています。始業・終了時間の確認と記録については、

①使用者が、自ら現認する(労働者からの確認も望ましい)

②タイムカード、ICカード、パソコンの使用時間の記録

のいずれかをもとに適正に記録することが原則です。その上で、②の**客観的な記録ができない場合は、自己申告も認める**としました。その場合、使用者に次の5つの措置を講じることを求めています。

・労働者にガイドラインを踏まえ適正に申告するよう説明する

・労働時間の管理者にも、ガイドラインに従うよう説明する

・自己申告の時間と**実際の労働時間が一致しているかを確認して、著しい乖離がある場合は補正**する

・自己申告を超えていた時間の理由を労働者に報告させる場合、その報告が適正か、本当は労働時間ではないかを確認する

・時間外労働の上限を超えさせないために、**実際の労働時間より過少申告をさせるような要因を排除**する

全体としては、自己申告では労働者に過小報告させない環境を整えること、報告と実態が異なる場合は補正することがポイントで、**労務管理者にもその実行措置が強く求められています**。また、タイムカードなどの労働時間の記録は労働基準法109条の「重要な書類」にあたり、3年間保存する義務があります。

適正な労働時間把握のためのソフトウェア導入事例

富士通エフサスの事例

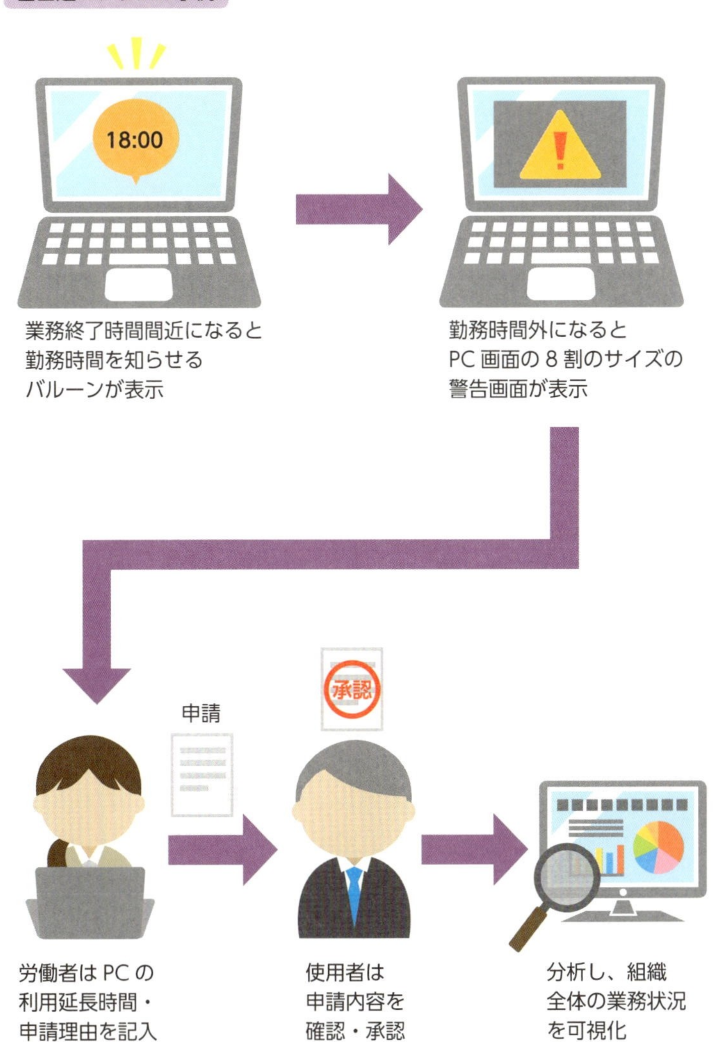

出典：「富士通エフサス　TIME CREATOR」（http://www.fujitsu.com/jp/group/fsas/index.html）

▲既存の勤怠システムと連携させることで、より適切な労働時間管理も可能となっている。

041

労働時間規制の対象社員への36協定の周知

いまだ4割の労働者は36協定を知らない

法定労働時間を超えて労働させる前提として、重要なこととして36協定の周知があります。日本労働組合総連合会の「36協定に関する調査2017」では、1,000名の労働者に36協定についてのアンケートを実施しています。その結果、会社が残業を命じるにあたり、労働者の過半数を組織する労働組合（ない場合は、過半数を代表する者）との間で労使協定（いわゆる36協定）を結んでおく必要があることを知っているか知らないか、という質問に対し「知っている」という回答が56.5%、「知らない」が43.5%でした。いまだ4割以上の人には認知されていないことがわかりました。

同調査では、勤め先が36協定を「締結している」という回答は45.2%、「締結していない」という回答が17.2%、「締結しているかどうかわからない」という回答が37.6%という結果が出ています。調査結果からわかるのは、**36協定を締結していても周知義務を守っていないケースが多くみられる**ということです。この場合、労働基準法上の罰則法令等の周知義務違反（労働基準法106条第1項）にあたり、30万円以下の罰金が課されることもあります。

労働基準法施行規則52条では、「**各作業場の見やすい場所へ掲示し、又は備え付けること**」など3つを明記していますが、パソコンやスマートフォンでいつでも見られるようWeb上に掲示することも可能です。36協定締結後、労働基準監督署長に届け出た後はこれらの方法で必ず労働者に周知するようにしましょう。

4割の労働者は36協定を知らない

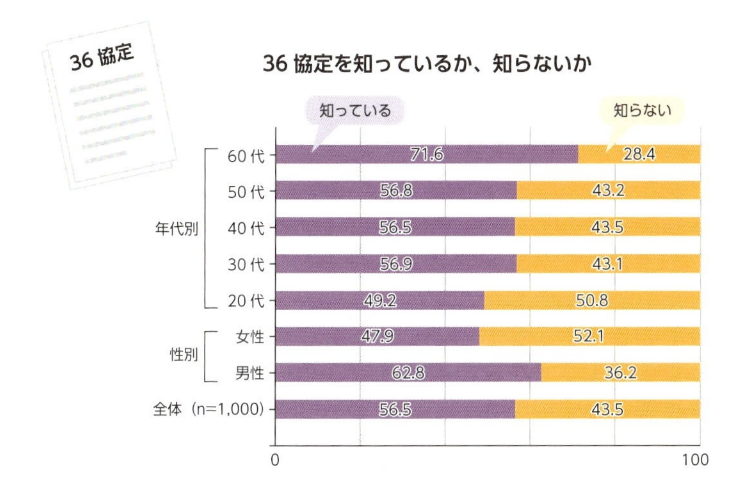

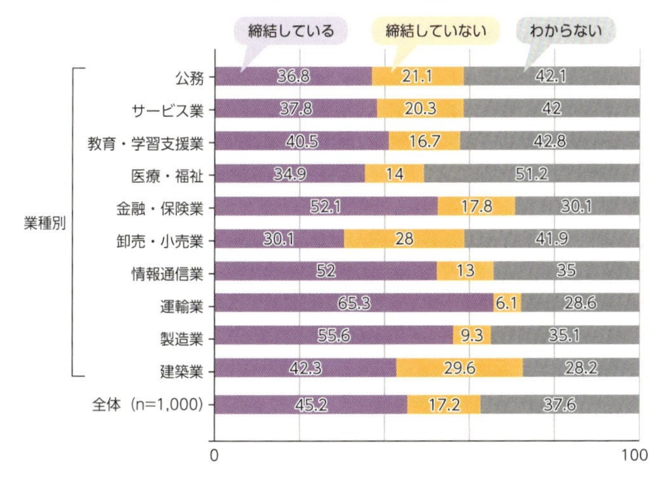

出典：「36協定に関する調査2017」（https://www.jtuc-rengo.or.jp/info/chousa/data/20170707.pdf）

▲36協定における周知の方法としては、書面を労働者に交付することや、磁気テープなど記録のうえ労働者が当該記録の内容を常時確認できる機器を設置することも定められている。

042

営業職の事業場外みなし労働時間制度の対応ポイント

指示を与えてはならない

外回り営業職などで労働時間の算定が困難な場合、労働基準法38条の2「**事業場外労働のみなし労働時間制**」が該当します。その趣旨として、労働時間の全部または一部を事業場外で労働した場合において使用者の具体的な指示管理が及ばず、労働時間の算定が困難な業務で、それを理由とした賃金未払いを防止するものです。

しかし、いくつかのポイントを守らないとみなし労働時間制とは認められないため、注意が必要です。たとえば、社用携帯電話などで使用者が業務の指示を与えたり、労働時間の管理をする管理職が同行したり、またいわゆるルート営業として、あらかじめ訪問先や帰社時刻について指示を受けていたりするケースです。**いずれも使用者の指示を受けて業務をしているとして、労働時間規制の対象となり、みなし労働時間制とは認められません**。

また、残業代についても、特定の状況下では発生します。たとえば、対象の労働者が営業終了後に会社へ戻り、日報記入などの内勤業務をした場合は「労働時間の算定が可能」な時間にあたります。そのため、みなし労働時間と帰社したあとの内勤時間を合わせて所定労働時間を上回れば、そのぶん残業代が発生します。そのほか、営業手当などが固定残業代として支給されているケースもありますが、この場合、営業手当が「休日労働を除く所定時間外労働に対する対価として支払われるもの」と判断されれば、適法とされます。ただし、労働基準法に基づいて計算した残業代と比べ営業手当の金額が下回っている場合には、その差額を支払う必要があります。

営業職の事業場外みなし労働時間制度

みなし労働時間制を適用する場合に使用者がしてはいけないこと

・電話などで業務の指示
・外勤に同行
・その他業務における指示

みなし労働時間制とは
認められない

残業代が発生しないパターン

※所定労働時間８時間、事業場外みなし労働時間５時間の場合

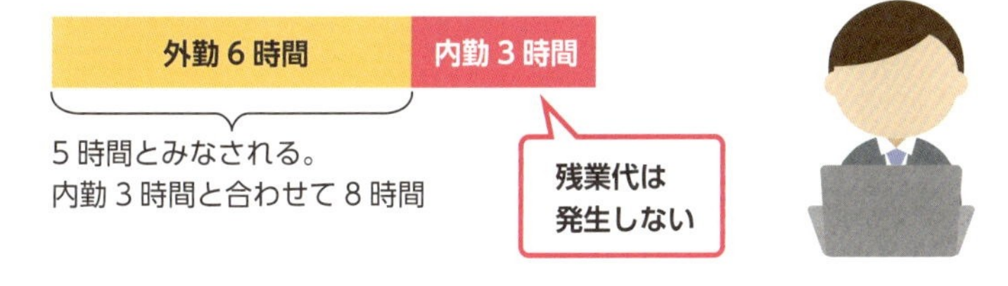

残業代が発生するパターン

※所定労働時間８時間、事業場外みなし労働時間８時間の場合

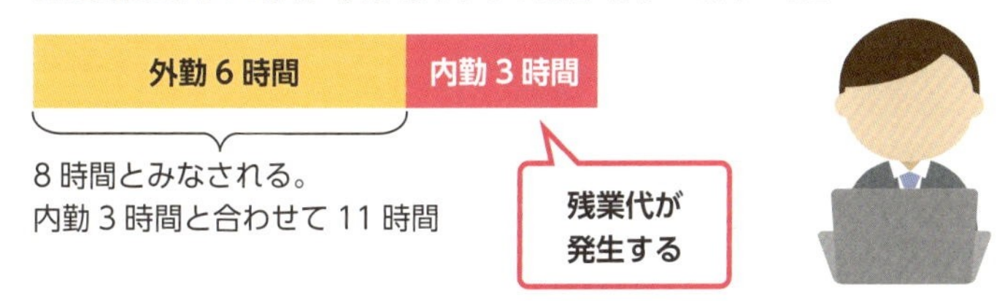

▲みなし労働時間制を活用する際は、実際の労働時間とみなし労働時間がかけ離れないようにすることが重要だ。

043

フレックスタイム制度の変更ポイント

給与計算はより複雑に

018で確認したように、フレックスタイム制が見直された結果、**超過労働時間の清算期間が「1カ月」から最長「3カ月」へ変更されました**。1カ月を超える清算期間を実施する場合は、**書面で労使協定を締結し、労働基準監督署への届け出が必要**になります。協定で定めるのは「労働者の範囲」や「清算期間」などです。

清算期間を3カ月とした場合は、3カ月の労働時間によって割増賃金が発生します。また、清算期間を3カ月に設定することで、そのぶん長時間労働をした労働者の賃金が支払われるまで3カ月かかってしまうとトラブルにつながります。そのため、1カ月超3カ月以内の清算期間での場合、開始の日以後の**1カ月ごとに区分した各期間**（最後に1カ月未満の期間を生じたときには、当該期間）における実労働時間のうち、各期間を平均し**1週間当たり50時間を超えて労働させた時間については割増賃金を支払わなければいけません**。ただし、改正前と同じように1カ月以内の清算期間で適用する場合はこの限りではありません。

また清算期間の途中で労働者が退職した場合も、その労働者の従事期間を平均して1週あたり40時間を超えて労働させたときは、割増賃金を払う必要があります。

なお、週休2日の労働者の法定内労働時間については、労使協定で「月の所定労働日数×8時間÷（月の日数÷7)」とすることが可能と明記されました。31日の月で23日が所定労働日数であれば、(23×8）÷（31÷7）＝41.5時間です。

フレックスタイム制度の変更ポイント

1カ月超の清算期間のフレックスタイムの割増賃金の支払い

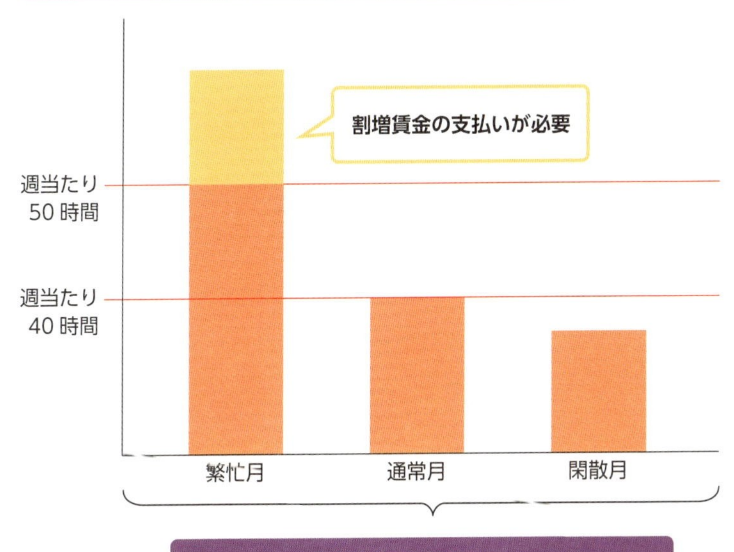

清算期間が3カ月に

清算期間による比較

清算期間	1カ月以内	1カ月超3カ月以内
労使協定の締結	必要	必要
労使協定の届け出	不要	必要
単月での割増賃金	週40時間超から ※労使協定で「月の所定労働日数×8時間÷(月の日数÷7)」超からとすることも可能	週50時間超から

▲時間外労働が月60時間を超える場合の割増賃金率にはフレックスタイム制も対象となっているが、具体的にどう算用するかはまだ検討中となっている。

044

専門業務型裁量労働制度の対応ポイント

具体的な指示をしてはいけない

平成30年の「就労条件総合調査」によれば、専門業務型裁量労働制を導入している企業の割合は全体の1.8%ですが、企業規模1,000人以上の事業場に限ると11.0%と、導入が1割を超える状況になっています。032で説明したように、システムコンサルタント、記者、編集者、ディレクター、デザイナー、証券アナリストなど19の業務が定められていますが、これらはいずれも**労働時間の長さではなく、労働の質や成果によって評価されるべき業務**といえます。

専門業務型裁量労働制を導入するにあたっては、**労働組合か労働者の過半数の代表との労使協定の締結と労働基準監督署への届け出が必要**です。労使協定の中では、対象業務、業務の遂行ならびに時間配分について具体的指示をしない旨、対象労働者の健康・福祉確保措置、苦情処理措置について定めます。また、みなし労働時間の法定労働時間を超える部分については時間外労働として取り扱い割増賃金を支払うこと、みなし労働時間として算定する具体的な時間数も定める必要があります。

導入後は、使用者が業務遂行手段や時間配分に関して具体的な指示はできません。逆の視点からすると、使用者がそのような指示を容易に行える業務であれば裁量労働制を導入するべきではありません。裁判などで問題化した場合、この「具体的な指示の有無」が重要な判断ポイントとなるため、注意しましょう。裁量労働制であっても深夜労働や休日労働は時間に応じた割増賃金を払う必要があります。健康確保措置の実施のためにも労働時間の把握は必須です。

専門業務型裁量労働制の導入には？

労働時間の把握と管理方法の検討が負担に

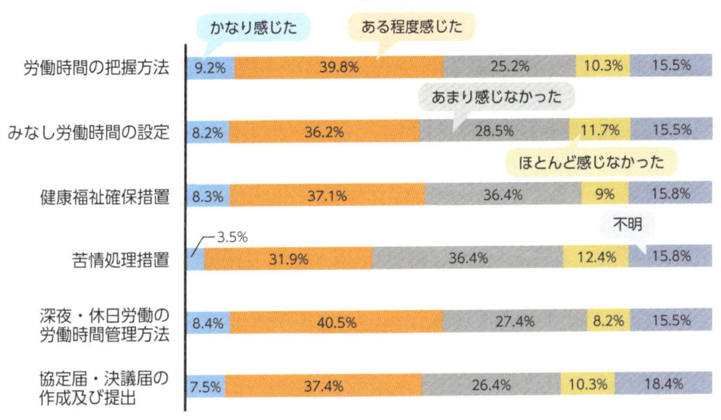

出典：「裁量労働制等の労働時間制度に関する調査結果 事業場調査結果」（https://www.jil.go.jp/press/documents/20140630_124.pdf）

労使協定で定めるもの

・対象業務
・業務遂行の手段、時間配分に関し労働者に具体的な指示をしないこと
・みなし労働時間
・労働者の健康・福祉を確保する措置
・労働者からの苦情処理に関する措置
・協定の有効期間
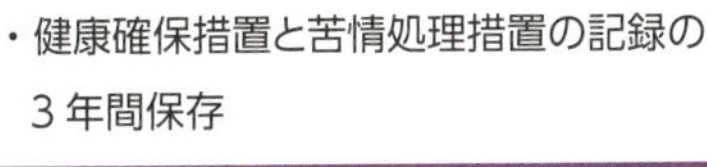
・健康確保措置と苦情処理措置の記録の3年間保存

▲業務遂行の裁量を任せるからといって労働時間を把握しなくていいわけではない。割増賃金や健康確保のために客観的な記録による把握が必須だ。

045

企画業務型裁量労働制度は対象が限られる

手続きが大変で導入がなかなか進まない

企画業務型裁量労働制の対象は、主に事業の運営に関する事項についての業務に携わる労働者です。採用するにはまず、**労使委員会を組織する必要があります**。その後、準備について労使で話し合い、対象事業場の使用者及び労働者の過半数を代表する者もしくは労働組合で、労使委員会の設置について日程を決定します。労使委員会の委員を選び、運営のルールを定めたら、所轄の労働基準監督署に速やかに届け出ることとされています。また、運営のルールを策定することとされ、開催するたびに議事録を作成し3年間保存のうえ、労働者に周知することも求められます。

労使委員会では、**5分の4の多数による決議が必要**です。決めるべきことは、対象となる業務の具体的な範囲、対象労働者の具体的な範囲（勤務年数など）、みなし労働時間、健康･福祉措置などです。これらの内容について労働者の同意を得ることができたら、決議に従って企画業務型裁量労働制を実施することができます。なお、決議の有効期間は3年以内とすることが望ましく、満了後、継続したい場合は再び労使委員会での決議が必要です。

現在、**企画業務型裁量労働制を採用している企業は全体の0.8%に過ぎません（1000人以上の企業では4.7%）**。しかし、厚生労働省のアンケート調査によれば、適用労働者のうち「満足」「やや満足」が76.4％を占めました。033で確認したように、今回の改正では対象となる業務拡大が見送られましたが、実施要件が緩和されれば広がっていく可能性も考えられます。

実施にあたって押さえておくべきポイント

対象業務が存在する事業場で労使委員会を組織

- 5分の4の多数による決議が必要
- 労働者を代表する委員は、過半数組合又は過半数代表者に任期を定めて指名を受けていること
- 実施にあたっては、労働者本人の同意も必要

決議する具体的内容

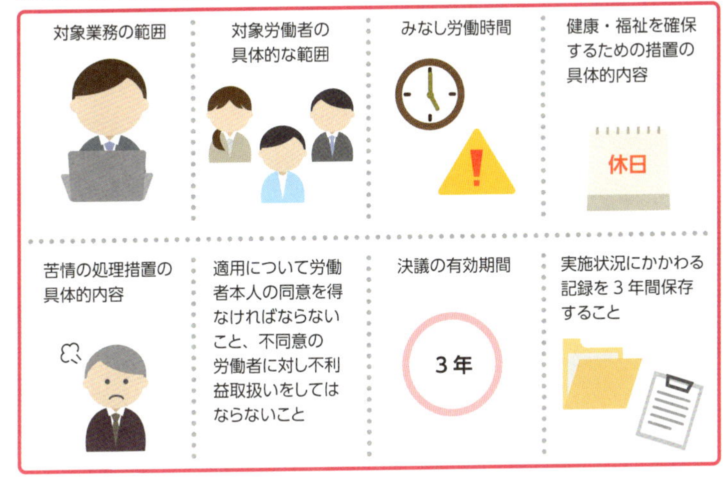

▲制度導入後も、6カ月に1回は労働時間の状況や健康・福祉確保措置の実施状況を所轄労働基準監督署長へ報告する必要がある。

046

求人・採用過程での労働時間・休息・休日の明示

求職者の不利をなくす

36協定を結んでいる場合、事業者は労働者に周知する義務があります。同様に事業主が新たに雇用者を募集する場合には、求職者に対して労働条件を明らかにする必要があります。2017年3月に職業安定法が改正となり、求人や採用過程で明示すべき項目の範囲が広がりました。これにより、最低限記載が必要な項目に**試用期間の明示など5点が加わりました**。ポイントとなるのは「就業時間、休憩時間、休日、時間外労働の明示」です。改正により、**時間外労働の有無と時間に加え、裁量労働制の有無と、裁量労働制の場合はみなし労働時間**の明示が必要となりました。

また、明示のタイミングについても追加で定められました。これまでは、求職情報を公開するとき（ハローワーク、自社サイト、求人広告の掲載等）と、労働契約締結時に明示が必要でしたが、今回の改正で、**労働条件の変更があった時点で求職者に速やかに明示**しなければならない旨が新設されています。変更を明示する場合には、変更前と変更後の内容が対比しやすいような記載が必要です。

採用過程で労働条件の見直しがあった場合は、求人者に書面での明示が求められます。不適切な明示方法等があった場合には、行政指導や罰則等の対象となり、注意が必要です。

休日の記載については、週休制、シフト制などの形態を明示します。**週休３日制を導入している場合**などは、全体的に週1日分の労働時間が削減されるのか、それとも1日の労働時間を増やすことで総労働時間を調整しているのかなどを明示しなければなりません。

最低限明示しなければならない労働条件

記載が必要な項目	記載例
業務内容	一般事務
契約期間	期間の定めなし
試用期間	試用期間あり（3カ月）
就業場所	本社（●県●市●－●）又は △支社（△県△市△－△）
就業時間 休憩時間 休日 時間外労働	9:00 ～ 18:00 12:00 ～ 13:00 土日、祝日 あり（月平均 20 時間）
賃金	月給 20 万円※（ただし、試用期間中は月給 19 万円）
加入保険	雇用保険、労災保険、厚生年金、健康保険
募集者の氏名又は名称	○○株式会社
（派遣労働者として雇用する場合）	雇用形態：派遣労働者

※時間外労働の有無にかかわらず一定の手当を支給する制度（いわゆる「固定残業代」）を採用する場合は、以下のような記載が必要となる。①基本給20万円（②の手当を除く）②固定残業手当（時間外労働の有無に関わらず、20時間分の時間外手当として3万240円を支給）③20時間を超える時間外労働分についての割増賃金は追加で支給

※裁量労働制を採用している場合は、以下のような記載が必要となる。（例）「企画業務型裁量労働制により、○時間働いたものとみなされます。」

▲これまで以上に、労働時間や休息、残業の有無など、求職者または採用者が不利とならないための具体的な明示が求められる。

047

有期契約社員の無期契約転換のメリット・デメリット

雇用は安定はするが正社員と同じではない

2013年4月に施行された改正労働契約法18条により、2018年4月から有期労働契約の労働者の中に、**希望すれば無期労働契約へ転換できる**人が発生してきています。その直前に「雇い止め」されるという事例もあり、社会問題として注目を集めました。

無期転換の申し込みができる条件は「同じ企業と契約している」「有期労働契約が通算して5年を超えている」「1回以上契約を更新している」の3点です。その上で有期契約社員から申し込みがあった場合、使用者は断ることはできません。なお、途中で6カ月以上の契約中断がある場合は、以前の期間は通算されません。

有期契約労働者の生活の安定を図るための制度といえますが、契約期間以外の労働条件は同じでよく、**正社員と同じ待遇になるわけではありません**。申し込むか否かはあくまで労働者の任意です。

労働者にとっては、**契約打ち切りの心配がなくなる**ことが一番のメリットですが、正社員との待遇差（退職金制度など）は残り、比較的低賃金のまま働き続けることになります。雇用者にとっては不況時や閑散期の**雇用調整が難しくなる**ことがデメリットですが、一方で契約社員の意欲が向上するとともに、労働力を安定的に確保できる面もあります。労働者は5年経過の前に雇い止めとなるリスクもあり、無期転換後の待遇には企業によって差があるため、**雇用企業の姿勢を見極めたうえで利用を考慮**すべきです。企業側は、契約社員の労働意欲を高め定着率の向上を図るためには、転換後の待遇改善を積極的に考えるべきといえます。

有期契約社員の無期転換のしくみ

契約期間が1年の場合

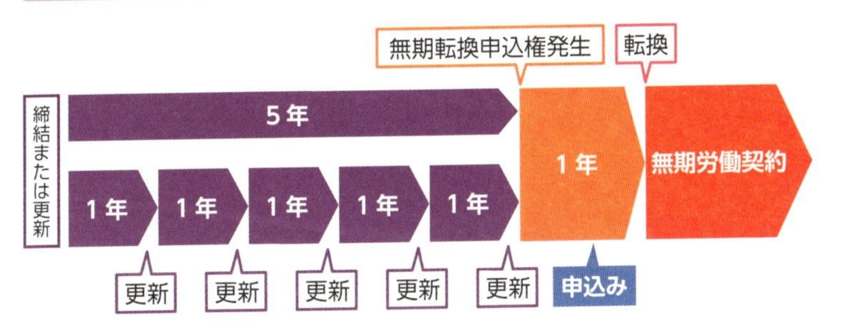

メリットとデメリット

労働者側のメリット

- 契約打ち切り、雇止めの心配がなくなる
- 正社員ほど重い責任を負わなくてもよいケースが多い

労働者側のデメリット

- 正社員になれるわけではない
- 給与は変わらない
- 退職金は支給されない

雇用者側のメリット

- 契約社員の意欲向上につながる
- 労働力を安定的に確保できる

雇用者側のデメリット

- 不況時などに雇用調整が難しくなる

▲派遣社員については雇用主が派遣会社なので、無期転換を申し込むのは派遣先企業ではなく派遣会社となる。

048

名ばかり管理職とプレイングマネジャーの問題

労働時間規制の適用外かは実態で判断される

労働時間の把握については、030で確認したように管理職を含むすべての労働者が対象となりました。これは健康確保措置の実施のためですが、背景に管理職の長時間労働の是正の狙いがあります。いわゆる「**名ばかり管理職**」の問題です。

肩書を理由に、残業代もなく長時間労働を強いられて健康被害や過労死を招く事件や、未払いの時間外労働の賃金を争う民事裁判が多く起こっています。契機となったのは、2008年1月東京地裁判決の「日本マクドナルド事件」です。自らは労働基準法41条2号の管理監督者にはあたらないとして、店長が過去の時間外・休日労働分の割増賃金の支払いを求めました。判決では、店舗運営の権限は認めたものの「経営者と一体的な立場」ではなく、店長は管理監督者ではないと認定しました（翌年に和解が成立）。

労働基準法上の管理監督者かどうかは、職務上の肩書だけでなく、**職務内容・責任と権限・勤務態様・待遇といった実態を踏まえて判断**されます。具体的には、「経営者と一体的な立場で仕事をしている」「出社、退社や勤務時間について厳格な制限を受けていない」「その地位にふさわしい待遇がなされている」の3点が満たされている場合に限り、管理監督者とみなされます。

問題となりやすいのは、**実務と管理監督を兼務するプレイングマネージャー**です。管理業務よりも実務の時間の比率が高い場合は、管理監督者として否定される可能性が高くなります。実態に応じた賃金制度の適用と、きめ細かい労働時間の管理が求められます。

「管理職イコール労働時間規制外」ではない

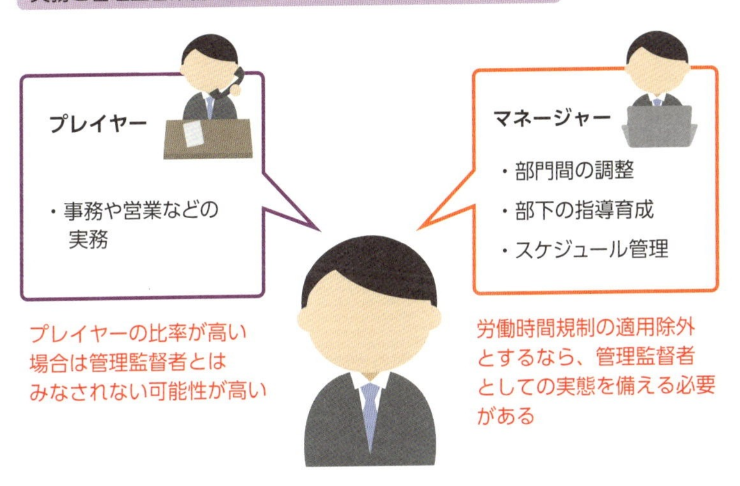

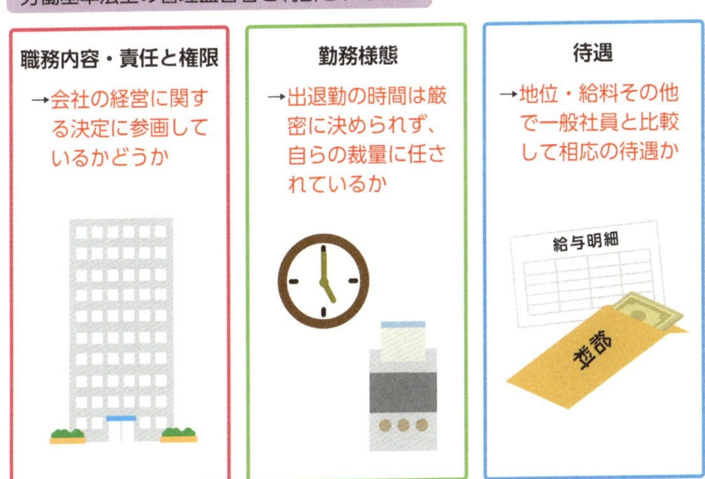

▲プレイングマネージャーは一般的に、個人目標の達成に追われ部下を通じた中長期的な目標への視野が持ちにくいとされている。

049

労働者が医師に面談できる環境へ

面接指導となる対象は月80時間超に拡大

産業医の機能の強化については022で説明しました。さらに、労働時間が一定を超えた労働者に対しての**医師による面談指導による保健機能が強化**されています。改正労働安全衛生法では、一般労働者と労働時間規制の適用除外者（新商品の研究開発業務、高プロの対象者）に対する実施基準がそれぞれ定められました。

実施基準については厚生労働省令でその要件を定めるとなっていますが、その省令が改正され、事業者が一般労働者の面接指導を実施する時間外・休日労働時間数の要件は、労働時間規制に合わせて**「月100時間超」から「月80時間超」に引き下げ**られます。新商品の研究開発業務については「月100時間超」とされます。

この面接指導を適切に実施するために、事業者に対し労働者の**労働時間の状況を把握することが義務付け**られています。把握方法も省令により、タイムカード・パソコンの使用時間の記録など客観的な方法によるものと指定されています（017参照）。

高プロについては以上とは別に独立した条文で規定されています。省令で定める面談指導の実施基準は**「健康管理時間」が週40時間を超える時間について「月100時間超」**となる予定です。

事業者は、面接指導の結果について医師の意見を聴取し、必要に応じて措置を講じなければなりません。具体的には、就業場所の変更、作業の転換、労働時間の短縮、深夜業の回数の減少などです。高プロに対しては、職務内容の変更、有給休暇の付与、健康管理時間が短縮されるための配慮などが求められています。

医師の面談指導による健康確保措置の実施基準

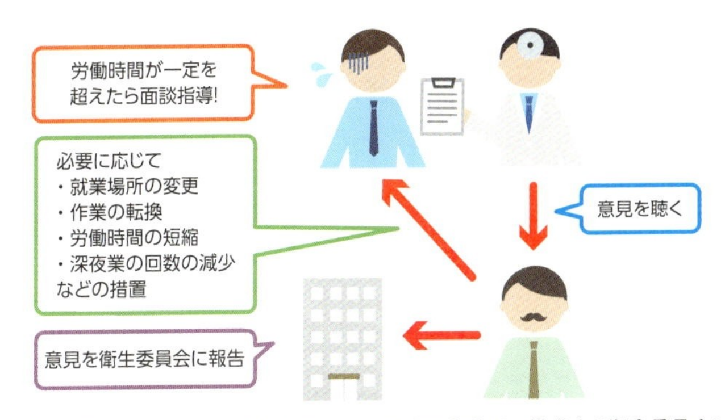

▲事業者は、産業医から受けた意見の内容を、労使や産業医で構成する衛生委員会に報告しなければならない。衛生委員会での健康確保対策の検討に役立てるためだ。

医師の面接指導の義務化

労働時間規制の適用除外者について規定
- 新商品の研究開発業務
  時間外・休日労働が月当たり100時間超の労働者
- 高度プロフェッショナル制度の対象者
  健康管理時間が週40時間を超える時間が月100時間超のもの

長時間労働者への面接指導の対象拡大

面接指導の要件となる時間外・休日労働時間数が、1カ月当たり100時間超から80時間超に

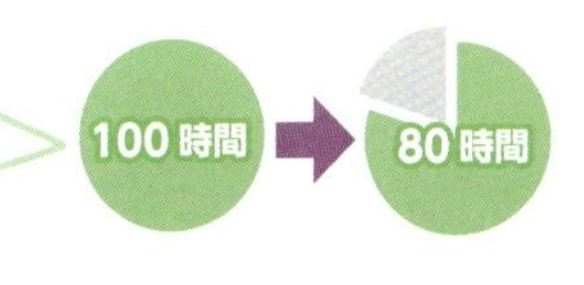

労働時間の把握

医師による面接指導制度を実施するため、労働者の労働時間の状況を把握することを義務付け

▲022で確認した産業医の活動環境の整備と周知、労働者の心身の状態の情報の取り扱いと併せて、適切な対応が求められる。

050

労基署の「調査・指導班」が指導・監督を徹底へ

網の目はより細かくなる?

長時間労働の是正の実効性を高めるために、2018年4月から全国の労働基準監督署で「**労働時間改善指導・援助チーム**」が編成されています。「労働時間相談・支援班」と「調査・指導班」の2つに分かれており、労働時間相談・支援班では、「労働時間相談・支援コーナー」を設置し、主に中小企業の事業主に対し、時間外・休日労働協定(36協定)を含む労働時間制度全般に関する相談などを行います。一方の調査・指導班は、「労働時間改善特別対策監督官」として任命された労働基準監督官が、長時間労働や過重労働の抑制・防止のために各企業への監督指導を行います。

2015年の状況で、**定期監督の実施は対象事業場の3%**に過ぎません。法改正で立ち入り基準対象が残業月100時間から月80時間の事業場へと拡大されたため、労働基準監督署の業務が増えて人手不足となっています。そこで労働基準監督官を増員すると同時に、労働基準監督業務の一部を民間の社会保険労務士などの非常勤職員へ委託する動きも拡大しています。労働時間指導については、罰則付きの時間外労働の上限規制も始まるため、政府としては早急に人材確保をしたい考えでしょう。

「労働時間改善指導・援助チーム」の編成は、長い間課題であった中小企業における長時間労働の是正です。今後、さらに労働基準監督署の長時間労働や労働環境の調査・指導が厳しくなることが予想されます。使用者は、臨検されても問題ないように改正法に対応した労働環境の整備が重要です。

2班編成で中小企業の長時間労働を是正へ

労働時間改善指導・援助チーム

労働時間相談・支援班

- 中小企業の事業主に対し、法令に関する知識や労務管理体制についての相談への対応や支援
- 時間外・休日労働協定（36 協定）を含む労働時間制度全般に関する相談
- 変形労働時間制などの労働時間に関する制度の導入に関する相談
- 長時間労働の削減に向けた取り組みに関する相談
- 労働時間などの設定について改善に取り組む際に利用可能な助成金の案内

調査・指導班

- 任命を受けた労働基準監督官が、長時間労働を是正するための監督指導を行う
- 労働基準監督官とは、労働基準法に基づいてあらゆる事業所に立ち入り、法に定める基準を事業主に守らせることで労働条件の確保と向上を目指す

- 重大・悪質であれば司法処分などを行う
- 増員の方向へ

労働基準監督官

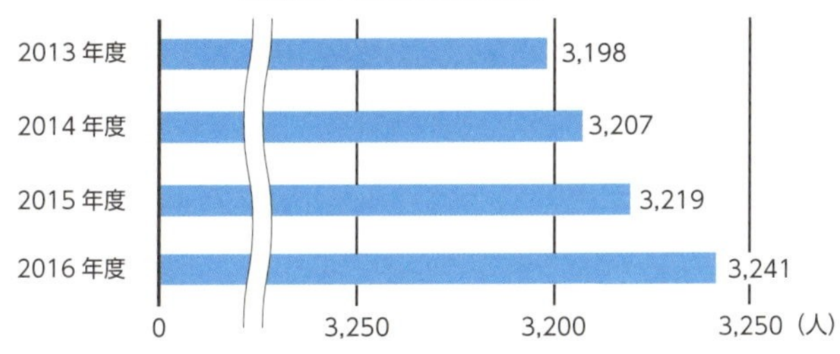

出典：「労働基準監督行政について」（https://www8.cao.go.jp/kisei-kaikaku/suishin/meeting/wg/roudou/20170316/170316roudou02.pdf）

▲法違反が見られた場合は、是正勧告などが行われる。その後、再監督が実施され、是正が確認されれば完結となる。

051

裁判外の紛争解決が多くなる?

非正規雇用でも行政ADR利用が可能に

P.62コラムで確認したように、労働者と事業場の紛争解決手段として、**行政ADR**が有期雇用労働者・派遣労働者を含む非正規雇用労働者すべてに利用できるようになりました。正規雇用の労働者にとっても救済が求めやすい紛争解決手段として知られている制度ですが、事業場側が抱えるトラブルの解決手段として、行政ADRを利用するという方法もあります。

ADRを利用するにはまず、申し立ての趣旨を記した「あっせん申請書」を作成する必要があります。その後、都道府県労働局総務部企画室または最寄の労働相談コーナーで「あっせん申請書」の提出をすると、都道府県労働局長が紛争調整委員会にあっせんを委任します。紛争調整委員会の会長が指名したあっせん委員があっせん期日（あっせんが行なわれる日）を通知し、期日にあっせんが実施されます。あっせん委員が確認するのは、紛争当事者双方の主張です。

必要に応じて参考人からの事情聴取を経て、紛争当事者間の調整や話し合いの促進が行われるほか、紛争当事者双方が求めた場合は具体的あっせん案の提示も行われます。あっせんに不参加だったり、どちらかの合意が得られなかった場合には、ADRは打ち切りとなり、ほかの紛争解決機関が紹介されます。

ADRのメリットは、手続きが裁判に比べ手軽であることや、社会保険労務士など労働問題の専門家が担当してくれる点にあります。ただし**訴訟のような強制力**はないため、両者の和解が前提となる点には注意しましょう。

行政ADRを利用する場合の流れ

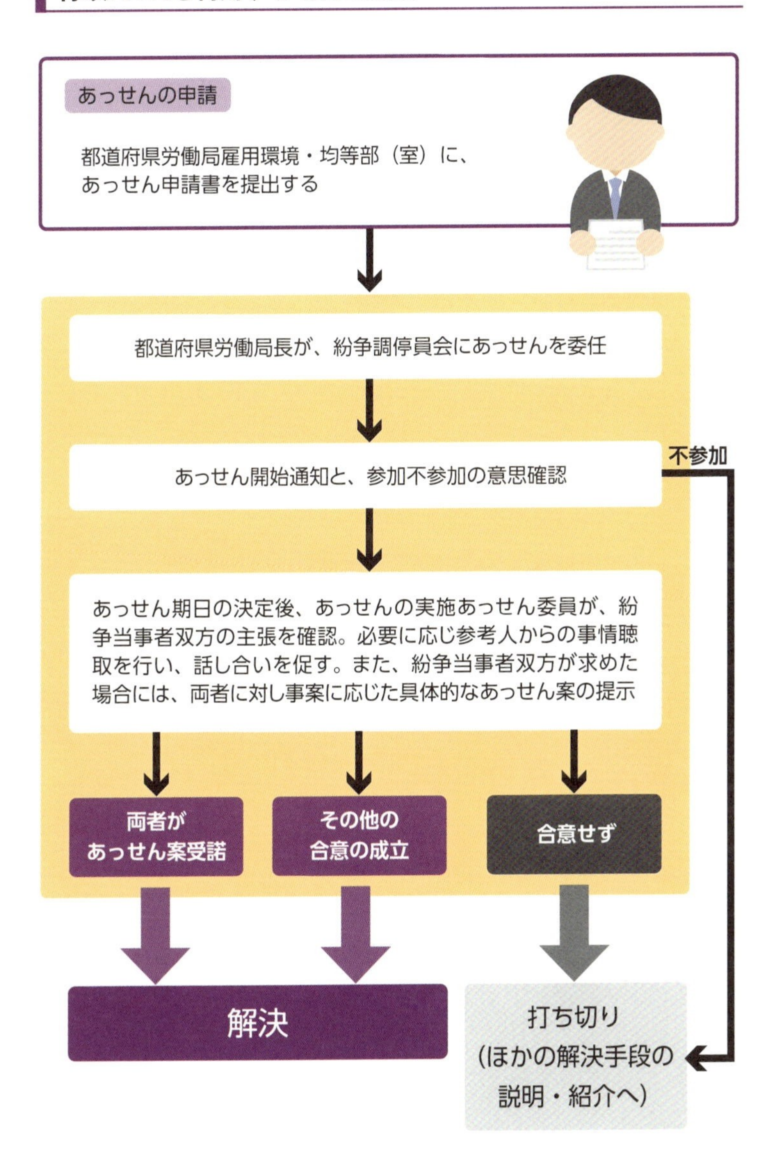

▲手続きは非公開であり、当事者のプライバシーは保護される。

052

過労死の認定基準は「月100時間」だけではない

過労死の要件となる過重負荷とは

過労死ラインとされる単月100時間、月平均80時間の時間外労働（休日労働含む）ですが、その数値は脳・心臓疾患と、慢性疲労や働き方の関係の医学面からの検討に基づいています。

厚生労働省は2001年に「脳・心臓疾患の労災認定」という通達を出し、脳内出血や心筋梗塞などを死因とする過労死の認定要件を定めています。そこで**「業務による明らかな過重負荷」を受けた**ことを要件とし、過重負荷とは次の3つとしています。**①異常な出来事、②短期間の過重業務、③長期間の過重業務**です。

①は発症前日までの間に、精神的または身体的に強い負荷を強いられる予測困難な異常事態か、急激で著しい作業環境の変化があった場合です。②と③には労働時間が大きく関わり、③の発症前6カ月の労働時間が過労死ラインの基準になっています。労働時間のほかに、**勤務形態**（不規則な勤務・拘束時間の長い勤務・出張の多い業務・交替制勤務・深夜勤務）、**作業環境**（温度環境・騒音・時差）、**精神的緊張を伴う業務**（日常的・発症近接）といった要因が評価されます。精神的緊張を伴う業務については具体的に、「過大なノルマ」「困難な納期」「トラブル処理」「周囲の理解や支援のない状況」などの業務が示されています。

これらの要因を総合的に判断し、業務が原因で発症したと認定されると、過労死として労災が適用されます。使用者には労働時間を過労死ラインからいかに遠ざけるかとともに、労働者の**明らかに過重な負荷を取り除く**ことが求められます。

脳・心臓疾患が労災認定となる判断基準

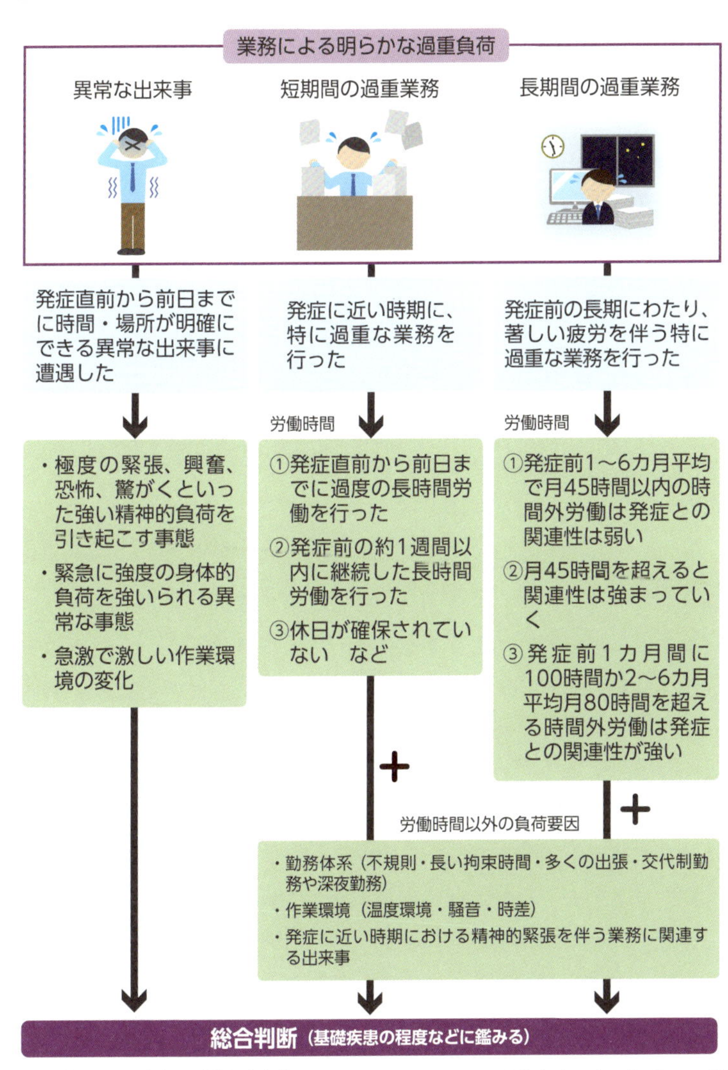

出典：「脳・心臓疾患の労災認定」（https://www.mhlw.go.jp/new-info/kobetu/roudou/gyousei/rousai/dl/040325-11.pdf）

▲過労死の認定要件には、労働時間だけではなく複数の要件があることを知っておく必要がある。

053

働き方改革における労働者との認識のズレ

「時短ハラスメント」問題にみるジレンマ

時間外労働の上限を順守することだけを念頭に置いてしまうと、使用者と労働者のあいだに認識のズレが生じる可能性があります。いわゆる「**時短ハラスメント**」です。終わるまでは帰るなといった違法な残業指示とは逆に、自主的に自分のペースで残業することも認められなくなります。しかし、労働時間は制限されても仕事量は同じだと、労働者に無理が生じます。また、残業代を含めて生活給になっている場合は、手取り賃金が下がることになります。すると労働者のモチベーションも低下します。

改革の推進にあたって重要なのは、長時間労働の原因となっていた業務プロセスを見直し生産性を上げることです。それには**「何のために残業していたのか」という視点を持つ**ことが必要です。上司向けの形式的な書類を作るためであれば、書類自体が不要かもしれません。いても意味のない会議に参加させていたかもしれません。業務の棚卸しをすることで、必要な作業とそうでない作業を分析し、労働者の時間を浪費させないことが大切です。

ICTの進歩で、情報処理速度は数年で飛躍的に上がります。業務に使う**ハードやソフトへの投資は人件費に比べれば安価**といえ、最新の速いパソコンに換えるだけで、累積すると大きな時間短縮になります。紙の日報をスマホやタブレットで報告できるようにすれば、帰社してから残業して書く時間をなくせます。オンライン会議を導入すれば、移動の時間なく会議ができます。労働者の生産性向上のためには、使用者側の具体的な施策が不可欠といえるでしょう。

「時短ハラスメント」問題

▲ただ単に「労働時間を減らせ」と丸投げするだけでは、労働者の負担が増えるだけで根本的な解決にはつながらない。

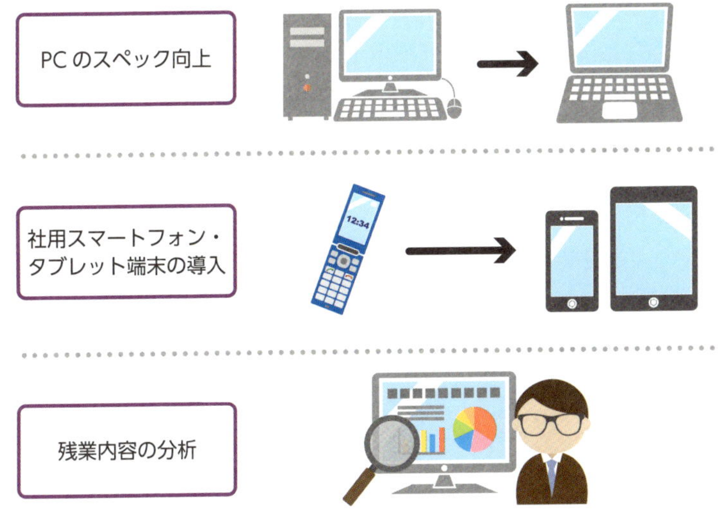

▲人事の評価方法も、従来の「時間×数字」ではなく生産性を問うものにシフトしていく必要がある。

054

労働時間減少で生産性が下がらないか心配!

RPA導入で労働者を単純作業から解放

労働時間を減らして生産性を向上するには、人が行っている業務の中から非効率な作業を切り出して、コンピュータで自動化するのも有効です。それを実現するのが**RPA**です（007参照）。RPAは**人がパソコンを操作して行っている定型的な事務作業を、**RPAツールで開発した**ソフトウェアロボットで自動化するしくみ**です。労働者は単純作業から解放され、より本質的で創造的な業務に労働時間を使うことができるようになります。

たとえば「WinActor」という国産のRPAツールは、ブラウザ・オフィスソフト・企業の業務システムなど、Windows端末から操作可能なあらゆるアプリケーションの操作を、人が指定するシナリオどおりに自動で実行させることができます。RPAの得意分野は、**単純かつ大量のデータの処理で、人よりも正確かつ圧倒的に高速**にこなすことができます。毎日メールで届く大量の注文データを、基幹システムへ入力する作業などです。

RPAは経理や人事といった企業の間接部門から導入が進んでいますが、最近は営業支援やコールセンター業務など企業の窓口業務にも導入が広がっています。さらに**AIを組み合わせる**ことで、単純作業だけでなく、人間の判断が必要だった複雑な業務にも活用されるように進歩してきています。

RPAの導入・運用のコストは製品によって千差万別ですが、中小企業向けにパソコン1台から導入できる製品もあります。労働者の生産性を向上する手段として検討する価値はあるでしょう。

RPAとは

人による
非効率的な作業

・キーボードやマウスなど、パソコン画面操作の自動化
・ディスプレイ画面の文字、図形、色の判別
・別システムのアプリケーション間のデータの受け渡し
・社内システムと業務アプリケーションのデータ連携
・業種、職種などに合わせた柔軟なカスタマイズ
・条件分岐設定やAIなどによる適切なエラー処理と自動応答

RPAで自動化！

・導入コストはさまざま
・パソコン1台から始めるなら数十万円程度で買い切り形式として使用できるものもある
・多くは年間契約で、高度なものになると1,000万円以上かかる

業務効率化による
創造的な作業への
リソース配分

・生産性向上
・コスト削減
・ヒューマンエラーの抑止
・品質の向上
・24時間365日稼働可能
・コンプライアンスの達成と企業のイメージアップ

▲定型の単純作業をRPA化することで、お客様サービスやデータの分析といった分野にリソースを割くことができ、顧客の満足度向上にもつながる。

055

障害者雇用における課題

精神障害者の雇用義務化と法定雇用率の引き上げ

障害者雇用促進法の改正によって、2018年4月からいままで身体障害者と知的障害者のみだった雇用義務の対象に**精神障害者が加えられました**。より広範な障害者の権利確保と、不足している労働力の発掘を目指すものといえます。

これに伴い障害者の法定雇用率が、民間企業・国および地方公共団体ともに0.2%引き上げられ、**民間企業は2.2%**となりました。3年後の2021年の4月までにさらに0.1%引き上げられ、**民間企業は2.3%**となり、同時に対象事業主の範囲が**従業員43.5人以上**に広がります。法定雇用率は原則5年ごとに労働者に占める障害者の比率に応じて見直しされます。今回は急激な変更を緩和するために段階的な引き上げとなりましたが、次の見直し予定は2023年4月となります。企業にとってはある程度の猶予が設けられましたが、もちろん**時期に対応した障害者雇用は必要**となります。

雇用のノウハウがなく、ニーズに合う人材と出会えないといった問題を抱える事業場は多くあります。その一方で、2018年8月には率先して範を示すべき厚生労働省をはじめとした省庁や地方自治体で障害者雇用の水増し問題が表面化する事態が起きており、障害者雇用の難しさを浮かび上がらせています。雇用にあたってはまず**ハローワークに連絡し、具体的な方法や順序について相談する**とスムーズです。また、初めて法定雇用率以上の障害者を雇用した場合、特定求職者雇用開発助成金（障害者初回雇用コース）が支給されるので、有効に活用するとよいでしょう。

障害者比率に応じて法定雇用率は5年で見直し

事業主区分	法定雇用率		
	現行		2021年4月以前～
民間企業	2.2%	⇒	2.3%
国、地方公共団体等	2.5%	⇒	2.6%
都道府県等の教育委員会	2.4%	⇒	2.5%

	現行		2021年4月以前～
雇用人数	45.5人以上	⇒	43.5人以上

出典：「障害者の雇用」（https://www.mhlw.go.jp/stf/seisakunitsuite/bunya/koyou_roudou/koyou/jigyounushi/page10.html）

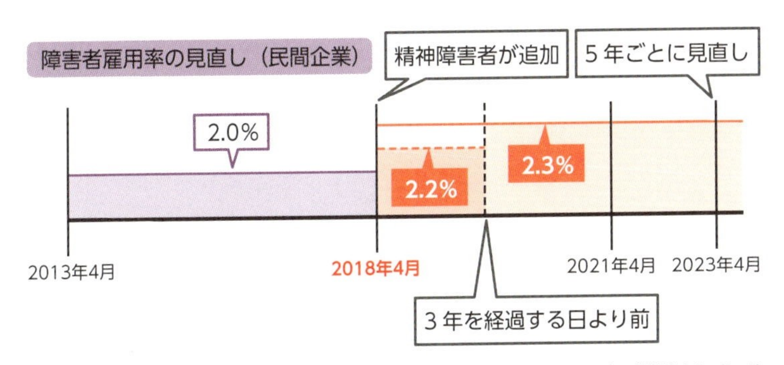

▲一億総活躍国民会議では、企業の採用基準に、障害や難病のある人が排除されているかのような表現になっていないかの総点検と改善が必要だとされた。

056

「エイジレス社会」へ！高齢者の就業促進

不合理な待遇差には注意

年齢ではなく職務能力で評価され働き続けることができる「**エイジレス社会**」を整備していくことも、働き方改革の目指すところです。平成30年「高齢者の雇用状況」集計結果によれば、従業員31人以上の企業156,989社の状況として、定年制を廃止した企業は2.6%にとどまっています。また、65歳定年企業は16.1%、希望者全員が66歳以上まで働ける継続雇用制度を導入している企業は6.0%と、まだ十分に実現されているとはいえません。

そのような状況を改善すべく、65歳以降の継続雇用延長と定年延長に対する支援があります。たとえば「**65歳超雇用推進助成金**」は、65歳以上への定年引上げや高年齢者の雇用環境整備などを講じた事業場に助成金を支給する制度です。

定年後の再雇用では契約社員（有期雇用労働者）となることが多く、賃金が下がることが一般的です。定年後の継続雇用の有期雇用労働者について賃金差が生じた場合、法的な問題はないのでしょうか。2018年6月の「長澤運輸事件」の最高裁判決では、**会社の賃金体系の違いから、給与の変更や賞与支給がないことについては不合理でない**と判断する一方、休日以外の全日に出勤した者に支払われる**「精勤手当」を嘱託社員に支給しないのは不合理**としました。同一労働同一賃金ガイドラインの「両者の間に職務内容（中略）の違いがある場合は、その違いに応じた賃金差は許容される」という原則に従って、各種手当などの賃金項目について個別に判断されるといえるでしょう。

エイジレス社会実現のために

希望者全員が 66 歳以上働ける企業の状況

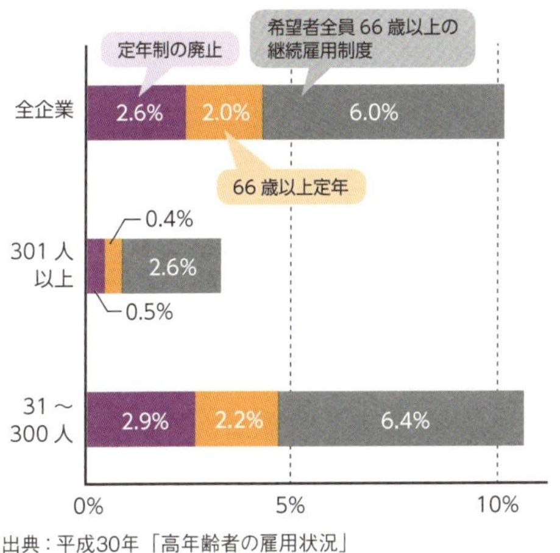

出典：平成30年「高年齢者の雇用状況」
(https://www.mhlw.go.jp/content/11703000/000398101.pdf)

65 歳超雇用推進助成金

- 65歳超継続雇用促進コース
  →65歳以上への定年引き上げや定年廃止の取り組みを実施した事業主に支給
- 高年齢者雇用環境整備支援コース
  →企業内の雇用機会の増大を図るための雇用環境整備を実施した場合に支給
- 高年齢者無期雇用転換コース
  →50歳以上で定年年齢未満の有期契約労働者を無期雇用に転換させた場合に支給

長澤運輸事件に見る、賃金項目の個別判断

精勤手当が支払われないのは……	超勤手当が支払われないのは……	住宅手当が支払われないのは……
→不合理 正規・非正規にかかわらず皆勤を推奨する必要性は同じであるため	→不合理 勤務時間を超える労働が生じることは正規・非正規の違いに無関係であるため	→不合理でない 正社員は幅広い年齢がおり、生活費補助は妥当だが、嘱託社員には老齢厚生年金が支払われるため

▲2018年3月の「高齢社会対策大綱」では、雇用だけでなく、起業に伴う各種手続等の相談や日本政策金融公庫の融資を含めた資金調達等の支援を行う点についても触れられている。

057

外国人材の受け入れにともなう問題

メリットとデメリットを理解する

外国人労働者は届け出の義務化以降右肩上がりに推移し、2017年10月には128万人に増えました。さらに、2018年12月の臨時国会では**改正出入国管理法（入管法）が成立**しました。この改正では、指定された業種の中で一定の能力が認められる外国人労働者に、新たな在留資格である「特定技能1号」「特定技能2号」を付与することが大きなポイントです。滞在期間が最長5年で単身が条件の「特定技能1号」の対象は14業種で、人数の上限は5年間で計約34万5千人と確定しました。家族帯同が可能で永住に道が開ける熟練資格の「特定技能2号」については、制度開始から2年後に「建設」「造船・舶用」の2業種で本格導入する方針です。

メリットとしては、高度IT人材といったイノベーションに直接つながる人材はもちろん、**慢性的な人手不足に悩む介護や農業といった分野においても活性化が期待できる**という点です。デメリットとしては文化や習慣の違いからコミュニケーション不全を起こしてしまう可能性などが挙げられます。また、そもそもの問題として**ビザ申請や在留申請など日本人の採用と勝手が異なる**ためハードルが高いのも事実です。

これらを踏まえた上で外国人労働者を雇う際には、使用者としても対策が必要です。会社の経営方針やビジョンの共有、多文化・多言語組織でも通用する日本式にこだわらないリーダーシップスタイルの徹底、衝突が起きた際の対応などについて、ワークショップや言語研修を行うのは有効といえるでしょう。

外国人材受け入れの環境整備

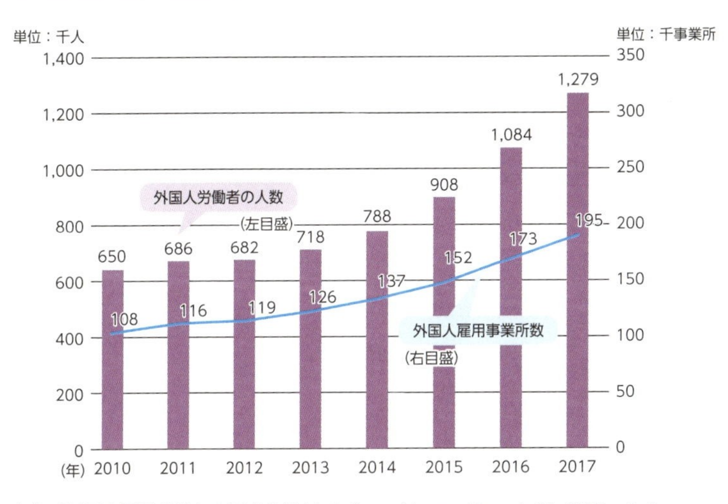

出典：「外国人雇用状況」の届出状況まとめ（https://www.mhlw.go.jp/file/04-Houdouhappyou-11655000-Shokugyouanteikyokuhakenyukiroudoutaisakubu-Gaikokujinkoyoutaisakuka/7584p57g.pdf）

▲外国人労働者に対しては、日本語学習支援や地域コミュニティとのつながりへの支援など、地域における多文化共生の取り組みをより一層進めていくことが大切だ。

058

社員の健康確保のために必要な施策とは

さまざまな健康確保措置

労働者の健康確保の手段として労働時間に応じて医師の面談による指導（049参照）があります。しかし、医師の面談を受けるような長時間労働となる前に、より積極的な健康確保措置を講じることが望まれます。たとえば、ストレスチェックの実施、スポーツジム利用権など福利厚生施設の充実、空調や照明を工夫して定時退社を促す工夫、禁煙運動の実施などです。

労働者が休みやすい環境を整えることも重要です。有給休暇の取得率を向上するために推進されているのが、**年次有給休暇の計画的付与制度**です。労働基準法39条第5項に基づいて年次有給休暇の付与日数のうち5日を除いた残り分について、労使協定を結ぶことで、計画的に休暇取得日を割り振ることができる制度です。

たとえば、年次有給休暇の付与日数が10日の従業員に対しては5日、20日の従業員に対しては15日までが計画的付与の対象となります（前年度取得されずに繰り越した日数がある場合、それを含めて5日を超える部分）。この計画有給は、夏季休業やGWなどの前後に付与して大型連休とすること、閑散期に一斉に取得させること、誕生日や家族のイベントに付与することなどのほか、計画表によって労働者ごとに休みたい日を指定させて個別に付与することも可能です。平成30年の「就労条件総合調査」によれば、計画的取得制度を導入している企業は、導入していない企業よりも年次有給休暇の**平均取得率が56.8%と8.5ポイント高く**なっており、年次有給休暇の取得に有効な制度であることがわかります。

さまざまな健康確保措置

スポーツ施設

仕事への集中力を高め、勤務中のケガを防ぐ

社外のメンタルヘルス相談窓口設置

労働者の心のケア

禁煙運動

社員の生産性向上と健康増進に貢献

年次有給休暇の計画的付与とは

・年次有給休暇の日数のうち、5日を超えた部分が対象

・付与の方法は「企業もしくは事業場全体の休業による一斉付与方法」「班・グループ別の交替制付与方法」「年次有給休暇付与計画表による個人別付与方法」などさまざま

・夏季や年末年始に年次有給休暇を計画的に付与し、大型連休とするなどの導入例がある

▲計画的に年次有給休暇を付与することで、労働者側はためらいを感じることなく有給休暇を取得できる。

059

子育てサポート企業として認定されるには?

くるみんマークの推進

一億総活躍社会を実現する新三本の矢の「第2の矢」が「夢をつむぐ子育て支援」です。人口減少を食い止めるために「希望出生率1.8」が目標とされています。

事業主が行う雇用環境の整備からもそれを後押しするのが、企業の子育て支援制度の推進です。「子育てサポート企業」として厚生労働大臣の認定を受けると「**くるみんマーク**」が付与されます。これは子育て家庭を支援し、公共団体の施策や企業の環境整備を図る**次世代育成支援対策推進法**に基づいた認定です。企業が子育て支援の雇用環境を整備する計画を策定し、**一定期間に行動計画に定めた目標を達成した場合に認定**を受けることができます。くるみん認定には「男性従業員のうち育児休業等を取得した者が1人以上いる」「女性従業員の育児休業等取得率が70%以上である」など9つの基準を満たす必要があります。

くるみん認定を受けた企業のうち、より高い水準の取り組みを行った企業は特例認定（**プラチナくるみん**認定）を受けることができます。くるみん認定を受けた企業は公表企業のみで2018年11月時点で3,006社、プラチナくるみんも251社にものぼり、徐々に認知度が高まっています。

くるみん認定を受けた企業は、税制優遇措置を受けられるほか、「くるみんマーク」「プラチナくるみんマーク」を広告等に表示することができ、**子育て世代や女性が働きやすい企業であることをアピールすることが可能です**。

くるみんマークの認定を受けるには

主なポイント

計画期間において、男性従業員のうち育児休業等を取得した者が1人以上いる

計画期間において、女性従業員の育児休業等取得率が、70%以上である

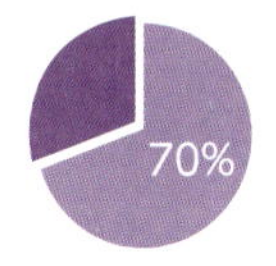

3歳から小学校就学前の子どもを育てる従業員に配慮した制度（※1）を講じている

3つの措置（※2）のうちいずれかを満たしている

※1「育児休業に関する制度」「所定外労働の制限に関する制度」「所定労働時間の短縮措置または始業時刻変更等の措置に準ずる制度」

※2「所定外労働の削減のための措置」「年次有給休暇の取得の促進のための措置」「その他働き方の見直しに資する多様な労働条件の整備のための措置」

その他の基準

- 子育て支援のための行動計画としてふさわしい目標の策定
- 行動計画の計画期間が、2年以上5年以下であること
- 策定した行動計画を実施し、計画に定めた目標を達成
- 2009年4月1日以降に策定・変更した行動計画の周知を適切に行っている
- 法および法に基づく命令その他関係法令に違反する重大な事実がない

出典：「次世代育成支援対策推進法関係パンフレット」（https://www.mhlw.go.jp/content/11900000/999zentai.pdf）

▲くるみんマークの取得によって、企業イメージやモラルの向上、優秀な従業員の採用・定着が期待できるとしている。

060

さまざまな人が働きやすい会社を作るには

表彰を受けた企業の働き方とは

働きやすい環境を整備するには何をすればいいのでしょうか。近年では企業の取り組みに対してさまざまな表彰が用意されていますので、**受賞した企業の取り組みを参考にするとよい**でしょう。厚生労働省の選ぶ「働きやすく生産性の高い企業・職場表彰」、経済産業省と東京証券取引所が共同で上場企業から選ぶ「健康経営銘柄」「なでしこ銘柄」のほか、内閣府や民間でも働き方が先進的な企業を選んで表彰しています。

これらに数多く選ばれている**味の素株式会社**は、2013年から社内の働き方改革を本格化し、2014年からコアタイムのないフレックスタイム、時間単位有給休暇、テレワークといった先進的な制度を導入しました。これらの結果、生産性の向上により20分の勤務時間短縮を可能にし、2017年4月からは7時間15分勤務を実現させました。2020年には7時間に短縮されます。労使共同の取り組みで目標を明確にし、全社員が働きやすい会社を実現した好例といえます。

「女性が輝く先進企業表彰」で内閣総理大臣表彰を受賞し、「なでしこ銘柄」に5年連続して選ばれている**カルビー株式会社**では、2010年にダイバーシティ委員会を設置し、働きやすい会社作りに次々と取り組んでいます。また労働時間や年功序列ではなく、成果を出した社員を評価する人事基準に変更することで、社員の意識変化を促し、長時間労働を削減することに成功しています。

これらは大企業であり、必ずしもすぐに真似ができるものではないかもしれませんが、事業主と労働者の意識改革となるはずです。

表彰を受けた企業の働き方とは

さまざまな表彰制度

働きやすく生産性の高い企業・職場表彰

厚生労働省が選定。企業における生産性向上と雇用管理改善（魅力ある職場作り）の両立の取り組みを促進する（2017 年より実施）

RPA 導入により業務削減を実現した三井住友海上火災保険株式会社などが受賞

健康経営銘柄

経済産業省と東京証券取引所が共同で選定。従業員の健康管理を経営的な視点で考え、戦略的に取り組んでいる上場企業を 26 業種につき 1 社ずつ公表する（2015 年より実施）

産業医や衛生委員会などと連携した体制を整備し施策を講じたベネフィット・ワン株式会社などが受賞

なでしこ銘柄

経済産業省と東京証券取引所が共同で選定。女性活躍推進に優れた上場企業を認定（2012 年より実施）

カルビー、アサヒグループホールディングス、キリンホールディングス、味の素などが認定

女性が輝く先進企業表彰

内閣府が実施。女性が活躍できる職場環境の整備を推進するために、女性の役員・管理職への登用とその情報開示に優れた先進的な企業を表彰する（2014 年より実施）

▲これらの表彰は、労働者のやりがいや生産性を向上させ、結果として企業業績と社員定着率の向上につながることが期待されている。

Column

「かとく」は労基署と何が違う？

「かとく」は2015年４月に厚生労働省によって東京労働局と大阪労働局に新設された、過重労働による健康被害の防止などを強化するため、違法な長時間労働を行う事業場に対して監督指導を行う「過重労働撲滅特別対策班」のことです。監督指導対象となるのは、過重労働事案であって、複数の事業所において労働者に健康障害のおそれがあるものや、犯罪事実の立証に高度な捜査技術が必要となるものです。

厚生労働省ではこれまでに、「長時間労働削減推進本部」を設置し、働き方の見直しを企業などに対して推進していましたが、さらにこれを強化するために、かとくを創設しました。かとくは労働基準監督官から選ばれた専門チームです。過重労働が認められる複数の事業場に対し大規模な捜査を行うほか、コンピュータ内部のデータを収集し分析する専門性の高い操作技術を用いることも大きな特徴です。労働基準監督官は、特別司法警察職員として違法な事業者を検察庁に送検する権限も持っています。労働基準法を順守しておらず監督指導による改善も見込めない経営者に対し、警察官と同じ権限を行使できるのです。

かとくでは、特に悪質なケースの捜査にあたり、消去された証拠データを復元するデジタル・フォレンジック技術を駆使するなど、より専門的な知識が必要な高度な捜査と立証作業を行っています。悪質な場合は刑事事件として、書類送検をすることも可能です。2015年の電通の新人社員過労自殺の事件では、かとくが対応しています。

Chapter 5

変わる将来！　働き方はどうなっていくのか

061

副業・兼業があたりまえの社会に？

収入も「ダイバーシティ」へ

働き方改革実行計画では、柔軟な働き方がしやすい環境整備として、**副業・兼業**と**テレワーク**の2つを推進しています。

そこで厚生労働省は2018年1月に「副業・兼業の促進に関するガイドライン」を示し、**原則として副業・兼業を認める**方向で企業に検討を求め、モデル就業規則から「許可なく他の会社の業務に従事しないこと」の規定を削除しました。副業・兼業は、労働者と企業それぞれにメリットと留意点があるとしています。労働者の幅広い知識・スキルの獲得は、**企業の人材流出の防止や競争力拡大**にもなり、社会的なイノベーションにもつながります。一方で、情報漏洩や長時間労働のリスクは十分に注意が必要としています。

経済産業省の2017年公表の実態調査では、いまだ8割の企業が副業や兼業を禁止しています。しかし、容認を検討中または一定の懸念が解消されれば検討するという企業も46%あります。すでに社員の副業・兼業を解禁した企業も現れています。

テレワークは**育児・介護期の労働者がキャリアの継続**を図ることができる点が魅力です。また、**障害などで通勤が困難な人の就労継続**にも多くの企業への普及が期待されています。

テレワークについては、2018年3月にガイドラインが改定され、自宅だけでなく、ICTを利用したサテライトオフィス勤務やモバイル勤務も追加されました。「中抜け時間」や移動時間中の労働などの労働時間についての考え方も示され、労働時間の適正な把握と、導入に労使で十分な協議をすることが求められています。

副業・兼業が一般的になるか？

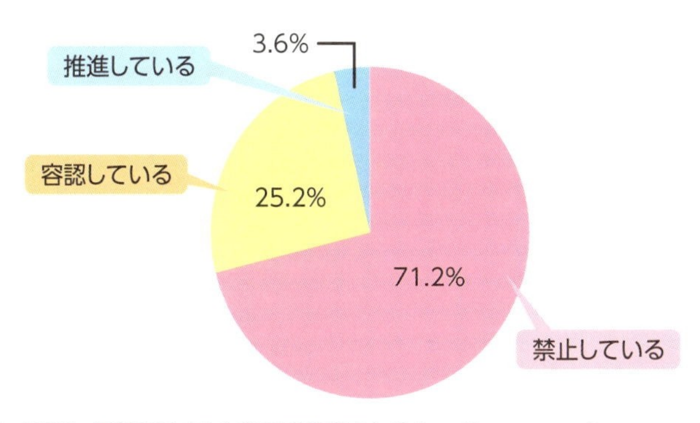

出典：「兼業・副業に対する企業の意識調査」（https://www.recruitcareer.co.jp/news/20181012_03.pdf）

すでに副業・兼業を認める企業も

新生銀行は兼業を解禁

社員が個人で事業や業務受託をする「個人事業主型」と、他社でも同時に雇用される「他社雇用型」の2パターン

▲現在、副業・兼業の足かせになっているのは「本業がおろそかになるのでは」という企業側の懸念だ。副業のフィードバックによる効果が広く認められていくかどうかがカギになる。

062

自動化できない より高度な仕事にシフトする

創造性が求められる時代に向けた機会均等の整備

2014年に発表されたマイケル・A・オズボーン准教授の論文「雇用の未来」は、AIやロボティクスの台頭によって「なくなる仕事」と「残る仕事」を大胆に予想し、話題になりました。

たとえば、日本では「限定条件下で完全な自動運転」を行う自動車が2020年までに登場するといわれており、将来的に普及すればタクシーやトラックの運転手は不要となります。普及が始まっているRPA（007参照）は、ホワイトカラーの事務作業を自動化して人員を削減しています。代替される職業の特徴を見ると、単純作業や定型的な受付業務、確立されたデータ処理業務などです。一方、**先端技術を扱う仕事**や、**対人能力が必要な学校教員やセラピスト、芸術家など創造的な仕事**は代替が難しいとされています。

今後、減少する労働力人口で持続的に成長していくには、需要が期待される仕事に就ける、専門的な能力を持つ人材の育成がとても重要です。しかし、経済格差が教育機会を左右し、就業における格差を生んでいると指摘されています。2018年6月に閣議決定された「経済財政運営と改革の基本方針2018」では、低所得世帯で学習意欲を持つ若者を支援する「大学など高等教育の無償化」と同時に、社会人に対する**リカレント教育**の強化も打ち出されました。ITスキルなどキャリアアップ効果の高い講座への教育訓練給付を拡充し、産学連携での実践的な先端技術教育プログラム開発が集中的に支援されます。労働者は将来「残る仕事」への転換が求められており、企業はその学習支援も大切になるでしょう。

テクノロジーで代替されうる職業

定型的な仕事は代替されていく

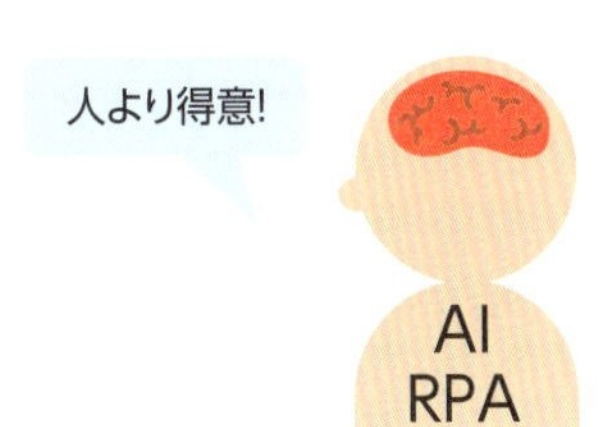

- 銀行の融資担当
- レストランの案内係
- コールセンター
- 建設機器のオペレーター
- データ入力業務
- 会計士

創造的な仕事は代替されにくい

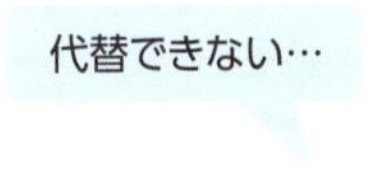

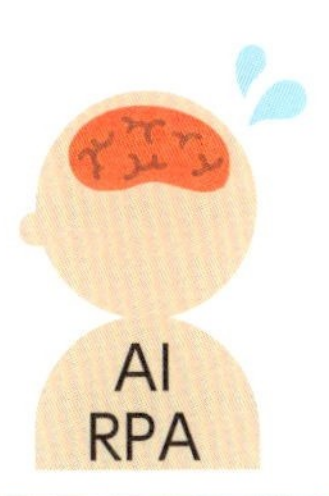

- 経営者
- 事業企画・営業企画
- エンジニア
- ホスピタリティのある接客
- 芸術作品の創作
- スポーツ選手

▲テクノロジーによる自動化は進んでいるが、専門技術を要するエンジニアや客ごとに異なる対応が求められる接客、また新しい価値を生むクリエイティブ職などはAIに代替されにくい。

063

「独立業務請負人」という生き方

雇われない、雇わない働き方で、プロフェッショナルに生きる

クラウドやモバイルの浸透、人材不足対策の一環として、企業がフリーランスに仕事を依頼するケースは増えています。日本でフリーランスで働く人は1,119万人と2015年から22.6%増加し、労働力人口の17%になります（フリーランス実態調査2018）。副業系・複業系・自由業系・自営業系という4つのタイプのうち、2社以上と雇用関係にある複業系がとくに伸びています。

期限付きで専門性の高い仕事を請け負い、雇用契約ではなく**業務単位での契約を複数の企業と結んで活動する個人**を、**インディペンデント・コントラクター（IC、独立業務請負人）**と呼びます。専門知識や経験を活かし、企業と対等の関係で仕事を請け負い、契約交渉から実務まで行います。アメリカではすでに1,000万人以上がICで働いており、就労人口の11%程度と推定されます。日本では2003年にインディペンデント・コントラクター協会が発足し、ICの認知や会員相互の情報共有、個人の懸念点となる税務・法務面の顧問による相談などのサポートを行っています。

多様な働き方の1つとして推奨される非雇用型は、労働時間や場所から自由です。企業側にも固定人件費がかからない利点があります。近年はクラウドソーシングの普及で企業と個人のマッチングが容易になりました。一方で仲介業者によるトラブルや、雇用関係にないため長時間労働が懸念されています。**専門性が高い業務でスキルと経験を身に付ければ**、ワークライフバランスを実現しつつ、複数の企業と仕事をするICという生き方も選択できるでしょう。

増えるフリーランス人口

ICとは

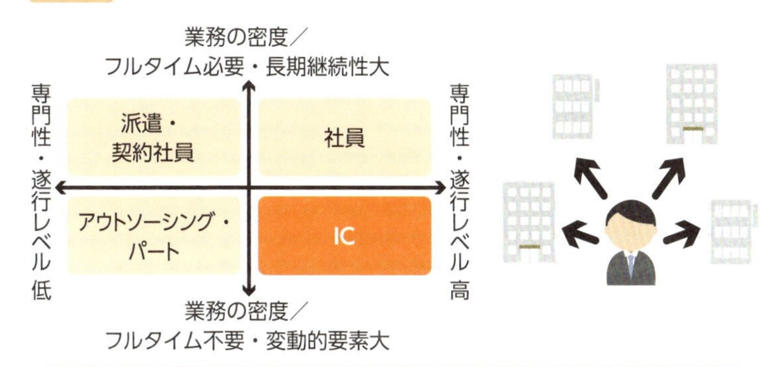

- 高度な専門性・業務遂行能力を有する
- プロジェクトごとに複数の企業と契約
- 遂行内容を相談しながら最終的には自ら決定できる

ICとして働くメリット・デメリット

メリット

- 専門的な能力の向上
- ライフワークバランスの確立
- 人件費を削減したい企業とのマッチング

デメリット

- 収入が安定しない
- 始める前に十分な生活費の確保が必要
- 厳しい自己管理能力が求められる

▲「特定非営利活動法人インディペンデント・コントラクター協会」では、業務別に会員検索することができ、企業側がそれを見て業務を依頼することも可能だ。

064

正規労働者と非正規労働者の格差はどこまで縮まる?

同一価値労働同一賃金が望ましい

同一労働同一賃金は、**職務内容が同じ**正規雇用労働者と非正規雇用労働者の**不合理な待遇の格差をなくす**ことが目標です。しかし、企業が両者の職務を分けて雇うようにすれば、待遇の格差は実質的に縮まらないことになります。

厚生労働省は2018年12月に「短時間・有期雇用労働者及び派遣労働者に対する不合理な待遇の禁止等に関する指針案」を告示しています。そこで基本的な考え方として、事業主が新たに非正規雇用労働者の雇用管理区分を分けたり、職務の内容を分けたりして、正社員より低い水準の待遇で雇ったとしても、やはり不合理な格差は認められないとしています。これは、元々は女性の職種の賃金が男性の職種の賃金より低いことを解消するべく生まれた、国際的な「**同一価値労働同一賃金**」の考え方に則ったものです。

非正規社員の職務評価(労働価値の比較)に役立つのが「職務分析実施マニュアル」です。パートタイム労働者の均衡待遇のために作られたもので、業務の内容と責任の程度という2つの面を客観的に記述することで、正社員との職務の同異を明らかにできます。

また、格差の解消が正社員の賃金引き下げにならないよう、指針案では原則として**労使の合意なく労働者の不利益には変更できない**としています。しかし、成長中の企業なら人件費全体を引き上げられますが、そうでないと原資は限られます。企業はRPAの導入などで業務を合理化し、**労働者の生産性を向上することで同時に非正規雇用者の賃金引き上げが可能になる**でしょう。

「非正規と呼ばれる言葉を一掃する」はできるか

▲労働政策研究・研修機構によれば、2004年から2018年までに非正規雇用労働者は約500万人増加している。

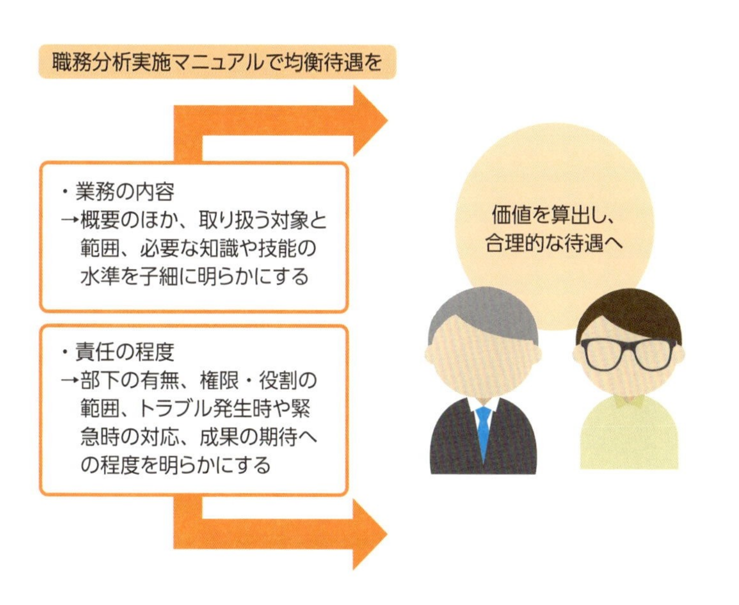

▲「職務分析実施マニュアル」では、職務の内容や実態について使用者がインタビューを行うことを推奨している。

065

パート労働者の社会保険加入対象が拡大される？

短時間労働者も広く加入対象に

パートやアルバイトの社会保険の加入は、週30時間（正社員の労働時間の4分の3）以上働く人が対象です。2016年10月からは「従業員501人以上の企業」で働き、「労働時間が週20時間以上」で「月額賃金が8.8万円以上」の人も対象となりました。さらに2017年4月から従業員500人以下の企業でも、労使合意があれば加入が可能になっています。しかし近年、「時短」や「スポット」といった短時間労働の浸透があり、加入条件に届かない人がまだ多数です。

現在、政府は最短で**2021年施行とし、短時間労働者への社会保険の適用拡大**の検討を行っています。加入条件が「月額賃金6.8万円以上」に引き下げられる見込みです。対象企業の従業員数の引き下げや撤廃の可能性もあるといわれています。

これまで短時間労働かつ低賃金でありながら国民年金保険料や国民健康保険料を支払ってきた人には、**保険料は企業と折半で、手厚い保障が受けられる**ことになります。一方、**企業は保険料の負担が増える**ことになり、経営に影響を及ぼすところも出てくることでしょう。また、いわゆる「106万円の壁」が低くなることで、より短時間労働を求める非正規労働者が増加した場合、安定して労働力を確保できなくなる懸念もあります。

政府は改定によって200万人の加入増を見込んでいます。保険財政の改善と同時に、従来は保険料未納や免除だった短時間労働者も将来の年金の支給対象とし、**雇用形態によらずセーフティネットを広げる**ことで、雇用の流動性を高める狙いもあるでしょう。

変わる社会保険加入条件

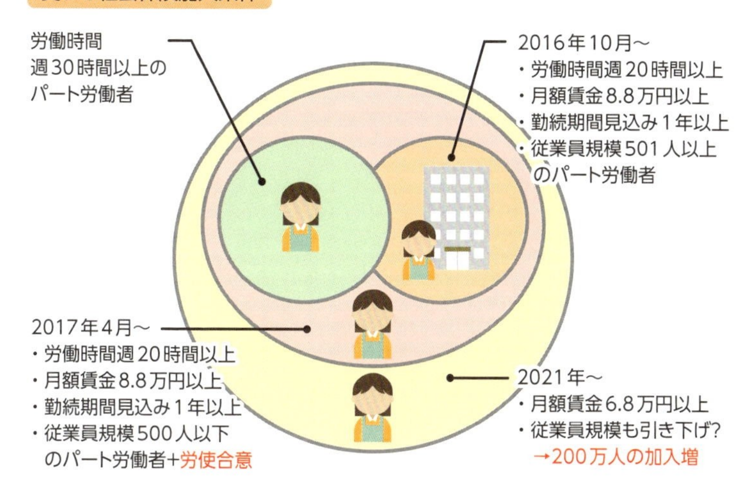

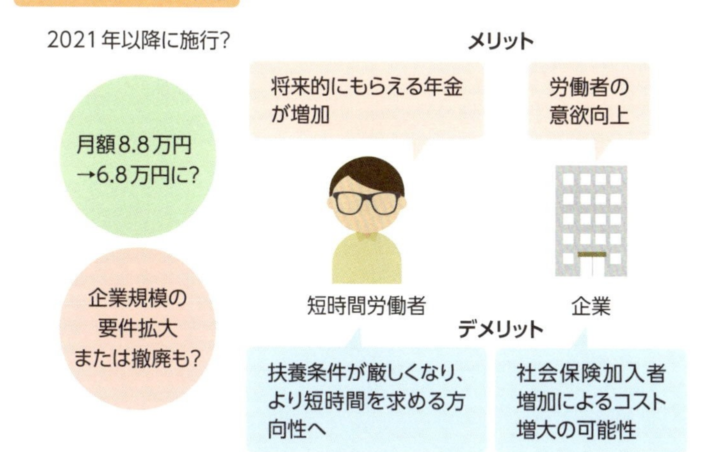

▲社会保険の緩和は、年金や手付金がもらえるメリットもあるが、現在被扶養者となっている人は扶養から外れる可能性などリスクもある。

066

休業中の収入補償制度は整備される?

副業・兼業あたりまえの時代の保険のあり方

副業・兼業は今後拡大していくでしょう。しかし、**ケガや病気で休業した際の保険制度**の整備がまだ追い付いていません。

業務や通勤中の災害(労災事故)により休業を強いられた場合、その期間の収入補償を行うのが**労災保険**です。事業主に加入義務があり雇用形態を限定しないので、フリーランスを除く、副業・兼業、パート・アルバイトも対象になります。ただし「災害が発生した労働」に基づいて給付額が算定されるため注意が必要です。仮に本業から副業先への移動中で事故に遭遇すると、副業先の賃金に基づく給付となり、十分な額を受け取れない可能性があります。

一方、業務外のケガや病気により休業する場合には、**社会保険の傷病手当金**があります。副業・兼業の場合、いずれかの会社で社会保険に加入していれば給付されますが、給付額はその会社の賃金に基づくためやはり不十分になる可能性があります。どの会社でも加入しておらず、個人で**国民健康保険に加入の場合は、休んでもなんの補償もない**危険があります。現在では、民間の「フリーランス協会」がフリーランス、副業・兼業者を支援する所得補償制度を提供しており、こうしたニーズは今後より高まるでしょう。

労働政策審議会では現在、労災の給付額を複数の賃金を合算した額を基準とするか検討されています。また**雇用保険**についても、現状は1社の労働時間が週20時間以上が対象ですが、副業・兼業の場合は合算時間とするかの検討が始まっています。ただし、ただちに実現に向かっていく可能性は低いとされています。

多様化する働き方に保険制度は対応できるのか

労災保険の収入補償

・就業中にケガをした場合、その労災事故が起きた1社の賃金に基づいて給付される
・副業への移動中にケガをした場合、A社からB社への移動中であれば、B社の通勤災害として扱われる
→複数会社の賃金の合算額に基づいて給付するか検討中だが、ただちに実現はしない

社会保険の傷病手当金

・業務外のケガにおいて、いずれかの会社で社会保険に加入していれば給付
・個人で国民健康保険に加入の場合は傷病手当金は給付されない
→民間の所得補償保険などに加入しておく必要

雇用保険

・現状は、1社の労働時間が週20時間以上の場合に加入対象となる
→複数の会社の合算労働時間とするには時期尚早?
・副業があると失業期間と認められないことも

▲就労者全体に対して副業・兼業をしている労働者の数はいまだ高いとは言えず、コストや必要性の面から、制度整備までにはもう少し時間がかかりそうだ。

067

高プロは日本で普及するのか?

労使双方の意識が変わる必要

アメリカには「**ホワイトカラー・エグゼンプション**」という制度があります。労働時間規制の対象外となる点で、高プロが参考とした制度で、対象者は全雇用者の16%程度と推測されています。一方の日本における高プロはどれくらい普及するのでしょうか。

2018年6月にロイターが資本金10億円以上の日本の中堅・大企業539社を対象に行ったアンケート(回答社数は225社程度)によれば、**2年後の制度対象者は1%に満たないとする企業が6割**を超え、98%の企業では1割未満とみています。積極的に評価する声はほとんどなく、政府の狙いほど期待は高くないようです。

理由として、まず**収入要件の違い**が挙げられます。アメリカのホワイトカラー・エグゼンプションは年2万3,660ドル(260万円程度)以上ですが、高プロは年1,075万円以上で高過ぎるという意見が聞かれます。**雇用体系の違い**もあり、日本企業には職務記述書で職務内容・職責・能力を明確にして雇う制度はなじみがありません。**雇用流動性が低い**ため、労働者にも職務は選ぶより与えられるものという意識がまだ強くあります。その状況で、固定給で労働時間規制なしでは、社員のモチベーション向上や生産性向上の動機は少なく、逆に長時間労働の抑制が効かなくなることが心配されます。

現状で対象者は非常に限られます。事業者が制度を利用しやすいように収入要件を下げると、労働者は低賃金で労働時間規制なしとなる懸念があります。労使双方の意識が変わり、日本の労働市場の構造変化が起こってようやく普及が始まるでしょう。

高度プロフェッショナル制度は広まるのか?

アメリカのホワイトカラーエグゼンプション

・週 455 ドル以上の給与を受けている雇用者
・管理職・運営職・創造的専門職が対象
・雇用流動性が高く、不満があれば転職が容易

日本の高度プロフェッショナル制度

・年収要件は1,075万円以上だが引き下げられる可能性も
・雇用流動性が低く、プロ意識を持ちにくい

労使双方の意識変革が必要

職務記述書
・職務内容
・職責
・必要な能力や資格

を明確にして
賃金・待遇決定
就社ではなく就職へ

職務内容と責任、必要な能力や資格について明確にするので職務をしっかり遂行してほしい

必要な知識・スキル・能力を利用して職務を遂行するので、仕事の裁量は委ねてもらう

▲アメリカ型の、明確な職務に対して適正な能力を持つ人を募って、賃金や労働条件を明確して契約ができるかが普及のカギとなる。企業も労働者も意識を変える必要がある。

068

海外人材の受け入れと競争が本格化

高度人材の受け入れと国内人材の育成が急務

時代はIT活用による産業構造の変化のまっただ中で、「**第4次産業革命**」と呼ばれています。労働力不足のなか、成長の源泉となる優秀なIT人材の雇用は企業にとって喫緊の課題です。しかし、国際調査で日本人は先進7カ国中でもっともITスキルが低いという結果があります。ITにおいては地理や言葉の壁が低く、多くの企業は国籍に関係なく優秀な人を採用したいと考えています。

そこで政府も高度な技術を持った外国人労働者の受け入れのため、2012年に「**高度人材ポイント制**」による出入国管理上の優遇制度を開始し、2017年にその永住権取得の期間を短縮する「日本版高度外国人材グリーンカード」を導入、2022年末までに2万人の高度外国人材認定を目指しています。民間では「Speak」「KIBI MATCHING」など**留学生と企業のマッチング支援サービス**が登場しており、日本人は競争を余儀なくされるでしょう。

一方で、国内人材の育成も急務です。政府はIoT・ビッグデータ・AIを中心に据えて、経済産業省・厚生労働省・文部科学省などが連携して、**第4次産業革命に対応する人材育成のための制度**を拡充しています。2000年から続く「未踏IT人材発掘・育成事業」のようなトップ人材発掘から、中核人材のスキル転換プログラム、一般労働者のITリテラシー向上まで広く国民を対象としています。

産業構造の急速な変化に伴って、労働者の意識変革は待ったなしです。その一方で、高いスキルを身に付ければ、日本に限らずグローバルに活躍できるチャンスもあるはずです。

進む海外人材の受け入れ

業務用途のデジタル・テクノロジーのスキルに関する自己評価

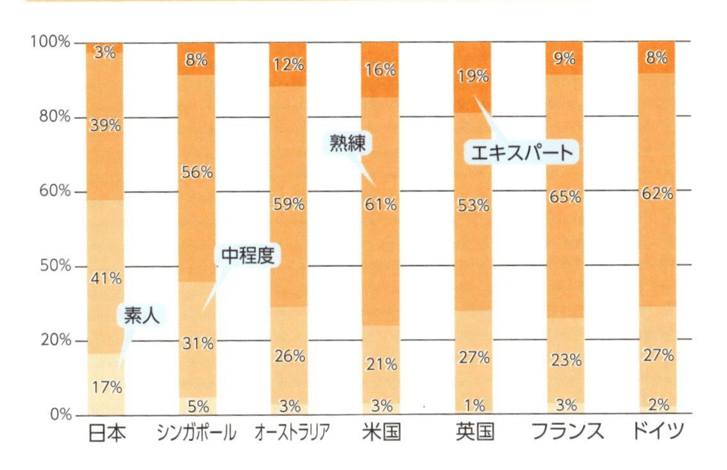

出典：ガートナージャパン「主要先進国のワークプレースに関する実態調査」
(https://www.gartner.co.jp/press/html/pr20180312-01.html)

高度人材ポイント制による高度外国人材の優遇措置

高度学術研究活動の場合

- 複合的な在留活動の許容
- 在留期間「5年」の付与
- 在留歴に係る永住許可要件の緩和
- 配偶者の就労
- 一定の条件のもとでの親の帯同
- 一定の条件のもとでの家事使用人の帯同
- 入国・在留手続の優先処理

「高度学術研究活動」「高度専門・技術活動」「高度経営・管理活動」の3分類。学歴・職歴・年収などの項目でポイントを設け、ポイントの合計が一定点数に達した場合に適用

▲調査の結果を見てもわかるように、日本の労働者はIT関連のスキルやリテラシーに自信を持っていない。

069

労働力の構成変化はどう進む?

「誰もが輝ける社会」の実現

総務省の「平成29年労働力調査年報」によると、2017年平均の労働力人口は6,720万人で、5年連続で増加しています。15歳以上の人口は頭打ちなのですが、**女性と高齢者が数を増やして**います。就業者数（6,530万人）も同様で、景気回復による人手不足のため企業が女性・高齢者を積極的に採用していると思われます。正規・非正規雇用者の別では、非正規は1994年から増加し続けて雇用者の37.3%を占めていますが、正規もここ3年は増加しています。また、「外国人雇用状況の届出状況」で、**外国人労働者は着実に増加傾向**にあり、2017年10月現在で128万人と5年前の1.88倍です。

厚生労働省が2018年4月にまとめた資料「雇用を取り巻く環境と諸課題について」では、2030年の就業者数は、経済成長と労働参加が適切に進んだ場合に6,169万人と推計され、このとき**60歳以上の高齢者の比率は23%**に高まっている計算です。また、2017年時点で就業希望の非労働力人口は369万人で、そのうち女性が242万人と3分の2を占めています。政府が「経済財政運営と改革の基本方針2018」で示した、新たな在留資格を設けての外国人労働者の受け入れ数は、2025年までに50万人超を見込んでいます。

こういった状況を踏まえると、**女性・高齢者・外国人労働者の比率が高まっていくことは間違いありません**。しかし、企業と社会の女性・高齢者・外国人受け入れのための環境整備もまだ途上です。政府の目論むとおりに労働力人口を支えられるかは予想できませんが、持続的な成長のためにはその方向しかないといえるでしょう。

労働力人口は女性・高齢者・外国人に支えられる

日本の人口構成と生産年齢人口割合の推計

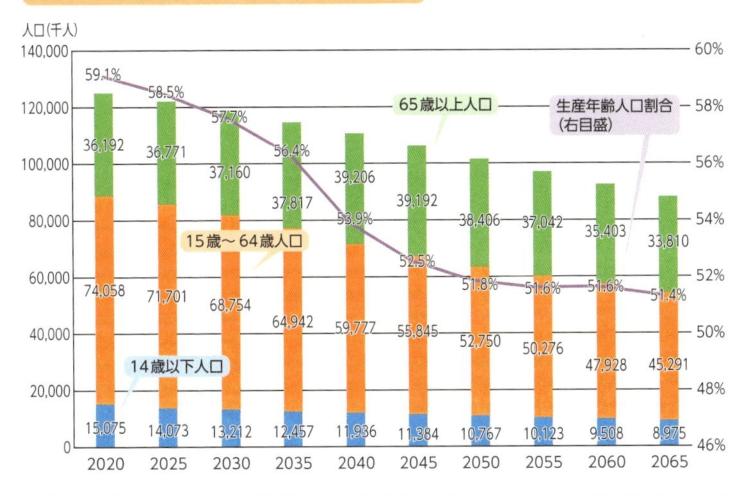

出典：「雇用を取り巻く環境と諸課題について」（https://www.mhlw.go.jp/file/05-Shingikai-11601000-Shokugyouanteikyoku-Soumuka/0000062121_1.pdf）

▲2017年まで労働力人口は5年連続で増加したが、その維持には、雇用機会が広く開かれていることが大前提になる。

女性・高齢者・外国人労働者が活躍する社会に

▲生産年齢人口が人口の50%以下に向かって減少し続けている現在、年齢や性別、国籍を問わない労働力の確保は必然的に進んでいく。

070

働き方はメンバーシップ型からジョブ型へ

古い慣行を捨て去り、新時代の働き方を築く

日本の雇用システムは「**メンバーシップ型**」だといわれます。「仕事内容」「職務場所」「労働時間」を固定しない代わり、終身雇用を基本的に保証する働き方で、人材の「能力」ではなく、企業への「貢献度」の重視に最大の特徴があります。このメンバーシップ型は、新卒一斉採用により「若年層の人材を確保・育成しやすい」や、「解雇をせず組織改革に取り組みやすい」メリットがある一方、慢性的な人材不足が続く労働市場にとっては足かせとなっています。そこで現在、政府は欧米が実践してきた「能力主義かつ解雇・離職が自由」な「**ジョブ型**」への移行を検討しています。

その欧米では、クラウド、AIといった技術革新から、「企業は人材を雇用しなくても」または「個人は企業に属さなくても」経済が回る可能性があり、「必要なときに労働力を雇用／提供」する「**タスク型**」への移行が議論されるようになっています。ライドシェアの「Uber」はその典型で、「タクシー運転手ではない一般人」が、すき間時間を活用して運転手となり収入を得ることができます。仮想通貨の基盤技術「ブロックチェーン」の応用により、個人が好きなことで収入を得られる経済圏「トークン・エコノミー」の実現が期待されています。

急激に進む変化の波に、日本の雇用形態は変革を免れません。企業は旧弊を改めて雇用のダイバーシティの加速を、個人はワークライフバランス実現のために継続的な能力開発を、事業者と労働者の双方に働き方改革が求められています。

いま働き方は大きな変革期にある

メンバーシップ型

・職務を限定せず、企業の収益に貢献し、賃金が分配される

ジョブ型

・どんな仕事ができるかを基準に考える

欧米ではタスク型も

・必ずしも企業に属さず、必要な時に能力を発揮して稼ぐ

▲厚生労働省の「働き方の未来2035 ～一人ひとりが輝くために～」という報告書によれば、「働く場所に関する物理的な制約がなくなり、多くの仕事が、いつでもどこでもできる」ことが挙げられている。

働き方改革参考企業リスト

所定外労働時間対策 **株式会社IHIエスキューブ** URL http://www.iscube.co.jp/	豊洲事業所では、毎週水曜日を「ノー残業デー」とし、18時に消灯。また「悠々連休」制度として、2010年5月からは、2日以上の連休を取得しやすくするしくみを導入している。
所定外労働時間対策 **住友商事株式会社** URL https://www.sumitomocorp.com/ja/jp	「プレミアムフライデー」を月末金曜日に限定せず、毎週金曜日に実施。当日は全休・午後半休取得奨励日とし、難しい場合はフレックスタイム制度を活用し、コアタイム終了時刻（15時）の退社を奨励している。
所定外労働時間対策 **富士オフィス&ライフサービス株式会社** URL https://www.fujielectric.co.jp/fols/	毎週水曜日と金曜日は定時退社の「リフレッシュデー」としている。また、印刷業務部門や複写・ドキュメント制作業務部門においては、互いに要員の支援を行う「スマートワーク方式」を採用。
所定外労働時間対策 **株式会社永和システムマネジメント** URL https://www.esm.co.jp/	午前と午後の区別なく半日分（４時間）の有給休暇を取得できる。勤務の合間や１日の中で分割する形の利用も可能。丸１日要しない通院などの用事に利用できるほか、有給休暇が取りやすい雰囲気作りにも尽力。
所定外労働時間対策 **日本システムウエア株式会社** URL https://www.nsw.co.jp/	年1回、5日間連続で取得する特別休暇を全社員に付与する「NSWホリデイ」を実施。また、夏季一斉休暇を廃止し、社員の事情と希望に合わせて休めるしくみに変更した。
所定外労働時間対策 **三菱ケミカル株式会社** URL https://www.m-chemical.co.jp/	休みの取りづらさを解消すべく、「ライフサポート休暇」を導入。年次有給休暇を2日以上連続で取得すると、特別休暇がプラスされるというユニークな制度で、オンとオフの意識的な切り替えを促進している。
育児・介護支援 **アクサ損害保険株式会社** URL https://www.axa-direct.co.jp/	福井センターでは、フランス本社が定めた「ペアレンタルポリシー（親に関する原則）」を適用。出産休暇や育児休業中の手当てを拡充し、2018年6月以降、育児休業の最初の１カ月間は 100%の給与が支給されることに。
育児・介護支援 **社会福祉法人健祥会** URL https://www.kenshokai.group/	退職理由を育児・介護に限定しない柔軟な再雇用制度を採用。本人の在職中の経験などのほか離職後の経験も考慮する。また事情による有期のパートタイムも、事情解消後に正規雇用へと転換している。
育児・介護支援 **株式会社シーボン** URL https://www.cbon.co.jp/	2012年から出産や育児、介護などで退職した従業員が退職時の処遇を維持して再入社できる「ウェルカムバック制度」を導入。また正社員のまま勤務時間を短縮できる「ショートタイム正社員制度」も。
育児・介護支援 **セロリー株式会社** URL http://www.selery.co.jp/	ライフイベントで退職した社員・パートについて、離職後７年以内で双方のニーズがマッチした場合、「ウェルカムバック制度」を適用。再雇用時は可能な範囲で本人が希望する勤務体系の実現を進める。

AI・RPA **株式会社三菱UFJ銀行** URL https://www.bk.mufg.jp/	2014年から住宅ローンの団体信用生命保険業務にRPAを試験導入。2017年から国内主要300の基幹系業務に適用を拡大し、社内全体で2000件以上の手動プロセスをRPAによって自動化する計画を進めている。
AI・RPA **テクノプロ・ホールディングス株式会社** URL https://www.technoproholdings.com/	グループ各社の業務マニュアルに基づく作業自動化のため、RPAサービス「ブレインロボ(BrainRobo)」を活用。導入3カ月で約50のロボットプログラムを稼働させるなどRPAを積極活用している。
AI・RPA **日本生命保険相互会社** URL https://www.nissay.co.jp/	「日生ロボ美ちゃん」と名付けられたRPAが活躍。請求書データのシステム入力作業を代行し、1件あたり数分かかっていた処理を約20秒に短縮することに成功。RPAも「社員」として扱われているユニークな一例。
AI・RPA **株式会社ケイ・オプティコム** URL http://www.k-opti.com/	AIを活用したチャットボットサポート「バーチャルアシスタント(β版)」を導入。24時間365日対応で各種接続、設定や手続き方法、トラブルシューティングといった情報を手軽に得られるようになった。
AI・RPA **八千代エンジニヤリング株式会社** URL http://www.yachiyo-eng.co.jp/	熟練技術が必要だったコンクリート護岸の点検・改修業務で、画像認識によって劣化の有無を自動で判断できるアルゴリズムを開発。現場での対応工数は1/5に。人間より精度の高い定量評価も実現。
AI・RPA **三井化学株式会社** URL https://www.mitsuichem.com/jp/	AI導入により、大阪工場において、該当プラントの稼働・非稼働の実績データおよび蒸気の使用実績データの関係を分析・学習。近未来の蒸気の需要量を予測、省エネルギー化やコストの最適化も果たした。
テレワーク **株式会社流研** URL http://www.ryuken.co.jp/	2017年からのテレワーク導入により時間の有効活用が可能に。また、たとえば子どもが熱を出したときなどは時間単位の有給休暇と合わせるなどして、より女性が活躍しやすい職場になっている。
テレワーク **ディーシーティーデザイン** URL https://www.dct-design.jp/	2018年1月から本格的にテレワーク導入。豪雪地帯ゆえの悩みであった通勤・移動時間が不要となったため効率、生産性ともに向上。外注件数も2～3割ほど減り、より人材選択の幅も広がった。
テレワーク **キャド・キャム株式会社** URL http://www.cad-cam.co.jp/	女性が多くを占めるため、テレワークによる在宅勤務により、育児や家庭生活と仕事が両立できるように。状況に応じた働き方が可能になったことで「スキルアップの意欲につながった」と話す社員も。
テレワーク **株式会社エー・トゥー・ゼット** URL https://atoz-ed.com/	テレワークの導入により、顧客の元へ移動する際に会社ではなく自宅から出向くことが可能に。このような移動時間の短縮によって残業を6割削減したほか、産休の社員もスムーズに復帰できるようになった。

Index

■ 問い合わせについて

本書の内容に関するご質問は、下記の宛先までFAXまたは書面にてお送りください。なお電話によるご質問、および本書に記載されている内容以外の事柄に関するご質問にはお答えできかねます。あらかじめご了承ください。

〒162-0846
東京都新宿区市谷左内町21-13
株式会社技術評論社　書籍編集部
「60分でわかる！　働き方改革　超入門」質問係
FAX：03-3513-6167

※ ご質問の際に記載いただいた個人情報は、ご質問の返答以外の目的には使用いたしません。
また、ご質問の返答後は速やかに破棄させていただきます。

60分でわかる！　働き方改革　超入門

2019年3月　5日　初版　第1刷発行
2019年6月14日　初版　第2刷発行

著者 …… 働き方改革法研究会
監修 …… 特定社会保険労務士　篠原　宏治
発行者 …… 片岡　巌
発行所 …… 株式会社　技術評論社
東京都新宿区市谷左内町21-13
電話 …… 03-3513-6150　販売促進部
03-3513-6160　書籍編集部
編集 …… リンクアップ
担当 …… 和田　規
装丁 …… 菊池　祐（株式会社ライラック）
本文デザイン・DTP …… リンクアップ
製本／印刷 …… 大日本印刷株式会社

定価はカバーに表示してあります。

造本には細心の注意を払っておりますが、万一、乱丁（ページの乱れ）や落丁（ページの抜け）がございましたら、小社販売促進部までお送りください。送料小社負担にてお取り替えいたします。

ISBN978-4-297-10366-8 C3055

Printed in Japan